编 著 孙茜 杨晓永 王港 孙洪伟

环境保护与可持续发展
——理论与实践

Environmental Protection and Sustainable Development ——Theory and Practice

化学工业出版社

·北京·

内容简介

《环境保护与可持续发展——理论与实践》基于全球环境问题，全面阐述了可持续发展理论的含义、实践及碳达峰碳中和等内容。全书共包括4篇、9章。第1篇：当代环境问题（第1章 环境基本概述；第2章 全球环境问题）；第2篇：可持续发展的理论基础（第3章 可持续发展理论；第4章 可持续发展的理论体系）；第3篇：可持续发展理论的实践（第5章 循环经济基本理论；第6章 循环经济的理论基础；第7章 污染物总量控制与节能减排基本理论）；第4篇：低碳经济与"双碳"理论（第8章 低碳经济基本理论；第9章 碳达峰与碳中和"双碳"理论）。

本书可作为高等学校环境类专业本科生、研究生教材，还可供从事环境保护的管理人员和关注环境保护事业的人员阅读。

图书在版编目（CIP）数据

环境保护与可持续发展 ：理论与实践 / 孙洪伟等编著 . -- 北京 ： 化学工业出版社，2025. 4. -- ISBN 978-7-122-47293-9

Ⅰ．X22

中国国家版本馆CIP数据核字第2025M92G86号

责任编辑：曹家鸿　冉海滢　刘　军　　　　　装帧设计：孙　沁
责任校对：杜杏然

出版发行：化学工业出版社（北京市东城区青年湖南街 13 号　邮政编码 100011）
印　　装：涿州市般润文化传播有限公司
710mm×1000mm　1/16　印张 13¾　字数 221 千字
2025 年 8 月北京第 1 版第 1 次印刷

购书咨询：010-64518888　　　　　　　　售后服务：010-64518899
网　　址：http://www.cip.com.cn
凡购买本书，如有缺损质量问题，本社销售中心负责调换。

定　　价：88.00 元

前言

《环境保护与可持续发展——理论与实践》是迎接21世纪的历史性时刻，为贯彻我国实施生态文明建设战略而编著的。全书紧扣环境保护与可持续发展理论两大知识体系内容，涵盖了大量前沿性环境热点问题（如低碳经济、碳达峰碳中和、污染物总量控制、节能减排技术），并探究了一些有效的途径以促进我国可持续的生态平衡和经济社会发展。

1962年出版的《寂静的春天》一书是激起全世界环境保护事业的开山之作，唤起了人类环境意识。时至今日，环保意识和环保理念已经深入人心。随着人类活动导致的全球环境问题日益突出，蓝天白云和绿水青山都变得如此难得，全人类的生存和发展受到严重威胁，寻求可持续发展道路是必然选择。可持续发展要求在生态环境可承载范围内，通过合理高效地利用自然资源，保持生态系统的完整性，维持经济系统的稳定性，维护社会系统的公平性，在不断提高人类生活质量的同时，实现生态系统、经济系统和社会系统的协同发展。

党的十八大以来，以习近平同志为核心的党中央站在全局和战略的高度，对生态文明建设提出一系列新思想、新战略、新要求，以前所未有的力度推进生态文明建设，作出了一系列重大战略部署，开展了一系列具有根本性、开创性、长远性的工作，决心之大、力度之大、成效之大前所未有。为应对全球气候变化对人类环境构成的巨大威胁，2020年，国家主席习近平在第七十五届联合国大会一般性辩论上宣布，中国力争于2030年前二氧化碳排放达到峰值，努力争取2060年前实现碳中和目标，把碳达峰、碳中和纳入生态文明建设整体布局。"双碳"目标是着力解决资源环境约束突出问题、推动可持续发展的内在要求，是实现中华民族永续发展的必然选择，也是构建人类命运共同体的庄严承诺和责任担当。生态文明建设关乎人类未来，需要世界各国同舟共济、共同努力，坚持共谋全球生态环境建设，形成世界环境保护和可持续发展的解决方案。

本书第1章、第2章由王港编写；第3章、第4章由杨晓永编写；第5章、第6章由孙茜编写；第7章、第8章、第9章由孙洪伟编写。最后由全体编著者共同完成统稿工作。

本书得到"烟台大学教材建设基金"和烟台大学环境与材料学院的资助，编著者对此致以衷心的感谢。

由于编著者水平有限，书中疏漏之处在所难免，恳请广大读者不吝指正和提出建议，欢迎与我们进行直接交流，E-mail：sunhw@ytu.edu.cn。

孙洪伟
2025 年 1 月于山东烟台

目录

第2篇 可持续发展的理论基础 //55

第3篇 可持续发展理论的实践 //86

第6章 循环经济的理论基础 //96

第7章 污染物总量控制与节能减排基本理论 //143

第4篇 低碳经济与"双碳"理论//165

第1篇
当代环境问题

第1章 环境基本概述

环境是以空气、水、土地、植物、动物等为内容的物质因素，也是以意识形态、法规制度、行为准则等为内容的非物质因素；既包括自然因素，也包括社会因素；既包括非生命体形式，也包括生命体形式。环境因中心事物的不同而不同，它随着中心事物的变化而变化。围绕中心事物的外部空间、条件和状况，构成中心事物的环境。所以说环境一词的科学定义是不相同的，其差异主要源于主体的界定。

1.1 环境的概念

环境是指主体周围所在的条件，对不同的对象和科学学科来说，环境的内容也不同。我们通常所称的环境是指人类生活的环境。

《中华人民共和国环境保护法》第一章总则第二条对环境的内涵有如下规定：本法所称环境，是指影响人类生存发展的各种天然的和经过人工改造的自然因素的总体，包括大气、水、海洋、土地、矿藏、森林、草原、野生生物、自然遗迹、人文遗迹、自然保护区、风景名胜区、城市和乡村等。这是一种把环境中应当保护的要素或对象界定为环境的一种定义，其目的是从实际工作需要出发，对环境一词的法律适用对象或适用范围作出了规定，以保证法律的准确实施。

1.2 环境的分类

按照环境的属性，将环境分为自然环境和社会环境两部分。

自然环境是人类赖以生存、生活和生产所必需的自然条件和自然资源的总称，是直接或间接影响人类的一切自然形成的物质、能量、信息及自然现象的综合体，它主要由光、热、水、气、土、生物等自然环境要素构成，这些环境要素以其不同的组合，构成地球的大气圈、水圈、土圈、岩石圈和生物圈。在自然环境中，能量的最终来源是太阳辐射，而物质、信息则主要来源于五大圈层。

社会环境是指人类在自身发展过程中所形成的社会制度，以及同各种社会制度相适应的政治、经济、法律、宗教、艺术等社会要素。在这些要素中经济是基础，政治是经济的集中体现，文化则是政治和经济的反映。社会环境是人类活动的产物，但又是人类活动的制约条件，同时也是影响人类与自然环境对立统一关系的决定性因素。从圈层结构的理论来讲，由社会要素所构成的社会环境也被称为智能圈或人类圈。

科学技术是第一生产力，经济的发展、社会的进步都与科学技术条件有密切的联系。特别是在当今，科学技术在人类发展中的作用更显突出。所以，也有人把由社会要素构成的圈层称为"技术圈"。

由于人类对环境的利用或环境的功能有差异，研究的目的、范围也不同，所以对环境还有许多不同的分类方法。例如：按照空间范围可以将环境划分为宇宙环境、全球环境、区域环境、城市和村落环境以及范围更小的其他环境类型。按照人类对环境利用或环境功能，可以将环境划分为生产环境、交通环境、文化环境及聚落环境等。在自然环境中，按其组成要素又可分为大气环境、海洋环境、土壤环境、生物环境和地质环境等。

所以说自然环境是社会环境的基础，而社会环境又是自然环境的发展。

1.3 环境的特征

地球的任一地区或任一生态因素，都是环境的组成部分，各部分之间有着相互联系、相互制约的关系。人与自然环境是一个整体，局部地区环境的污染和破坏，会对其他地区造成影响。某一环境要素恶化，也会通过物质循环使其他环境要素发生改变。例如，从生活在冰雪覆盖的南极大陆上的企鹅体内检出滴滴涕农药；热带雨林的破坏，引起全球气候的变化，从而导致许多自然物种的灭绝。所以，人类生存环境及其保护从整体来看是没有地区界限和国界的。

（1）整体性和区域性 整体性和区域性是环境系统在空间域上的突出特征。

所谓整体性，是指系统是由相互作用、相互联系着的各部分组成的整体。由于环境系统是由各种环境要素、结构单元组成的，而环境系统又并非环境组分的简单组合，所以整体性也就成为环境的最基本特征。

作为整体，环境系统具备各个组分所不具备的性质与功能，但是组分不同，所形成的环境系统的整体性的特点会明显不同。例如，在高温多雨的气候条件下形成的是热带雨林景观，而在高温少雨的条件下形成的是热带草原或荒漠景观，这正是环境系统的区域差异性。需要说明的是，各种差异性均是在地球环境整体性这一大背景之下的表现。

（2）动态性 动态性是环境系统在时间域上的突出特征。

所谓动态性是指环境处在不停发展变化过程中，人们现在所观察、认识到的环境只是环境系统发展演化到某一阶段的结果。动态性表现为绝对的变动性和相对的稳定性。

变动性是指在自然和人类社会行为的作用下，环境结构和状态始终处于变化之中。与变动性相对应的是环境的稳定性。稳定性是指环境系统具有一定的自我调节、自我完善功能。也就是说，在人类社会行为作用下，环境结构和状态发生的变化在一定的阈值内，系统可借助自身的调节功能使这一变化逐渐消失，结构和状态得到恢复。环境的这一特性表明，人类社会行为将会影响环境的变化。因此，人类社会应自觉地控制自身行为，使之与环境自身的变化规律相适应、相协调，以求得环境向着更加有利于人类社会生存发展的方向变化。

（3）多样性 环境多样性是人类与环境相互作用的基本规律，是具有普遍意义的客观存在。环境多样性是自然环境多样性、人类需求与创造多样性以及人类与环境相互作用多样性这三类环境多样性及其内在联系的总和。

① 自然环境多样性是经过漫长的年代形成的。它具体体现为生命物质和非生命物质多样性、环境过程多样性、环境形态多样性、环境功能多样性四个方面。

② 人类需求与创造多样性。人类对环境的影响，其内在驱动力是人类的需求，其中物质需求是最基本的需求，而精神需求则具有更强的社会性。通常情况下，精神需求是在人们基本的物质需求获得满足的基础上而产生的。创造多样性主要是源于人类思维与智力活动的多样性。从创造的主体——人来看，人类思维与智力活动本身就是具有多样性的。此外，作为创造行为主要动力来源的需求具有多样性，自然而然就形成了创造本身的多样性。

③ 人类与环境相互作用多样性。首先，从作用界面多样性来讲，人类与环境

相互作用界面分布在人类生活的各个方面，如生产活动界面、生活活动界面、科技活动界面等；其次，作用方式多样性体现在两方面：人类活动对环境作用的方式主要是通过直接或间接的作用，例如对资源的开发利用、工农业生产、物品使用、废弃物排放、城市建设、乡村建设、道路建设和科学研究对环境产生影响；环境对人的作用方式也是多种多样的，例如环境直接作用于人和人群，或作用于人赖以生存的环境，进而间接影响人类，作用于上层建筑；再次，作用过程的多样性，大致可分为物理过程、化学过程、生物过程和生态过程；最后，作用效果多样性体现在有些作用效果是正面的，即促进人类与环境的和谐发展，有些作用效果是负面的，即破坏了人类与环境的和谐关系。

（4）资源性与价值性　资源性与价值性是环境系统在功能域上的特性。

从实用性上讲，环境整体及其各要素单元都是人类生存发展所必需的资源，即环境资源。环境资源以物质性和非物质性两种状态存在着。物质性资源主要包括各种生物资源、土壤资源、水资源、矿产资源、气候资源等，这些重要的资源为人类的生存和社会的发展提供了必需的物质和能量。非物质性资源主要是指环境状态，不同的环境状态对人类社会的生存发展将会提供不同的支持，从而影响到人类对生存方式和发展方向的选择。例如：山东威海市因其独特的临海位置和良好的环境状况而被联合国评为人类最适宜居住地，从而带动了本地区的经济发展；近几年在许多地区兴起的草原游、森林游，均是以良好的自然风光、优美的环境状况吸引游客的，从而带动了当地产业的发展。

环境是人类社会生存和发展不可脱离的依托条件和限制条件，同时它又是一种无法替代的资源，因此，环境是资源性与价值性、结构性与功能性的统一体。

组成环境系统的各要素之间存在着密切联系，能量流、物质流和信息流贯穿于整个环境系统以及环境和人类社会之间。环境系统中各组分间的量比关系、空间位置的配置关系，以及其联系的内容与方式等共同构成环境结构。环境结构不同，环境状态就不同，环境结构发生改变，环境状态也会发生改变。

（5）公共性　环境既不属于某一个阶级，也不属于某一个人，它是人类共同的财产，因此环境的资源及价值也是为全人类所共有的。环境作为自然资源，我们无法评估它的经济价值，也无法断定环境作为资源利用后对第三者的影响。正因为环境具有此种属性，起初对环境污染的问责也形成了严峻的挑战。而今通过科学的研究，许多国家都建立了环境污染问责制度。我国在2006年2月20日颁布了第一部关于环境问责方面的规定——《环境保护违法违纪行为处分暂行规定》，将问责对象的环境信息公开，使环境责任跟踪制度与建立全新的环境经济政策体系有机结合，确保做到"谁污染谁治理"。

1.4　环境问题的定义

环境问题是由自然力或人力引起生态平衡的破坏，最后直接或间接影响人类的生存和发展的一切客观存在的问题。

为了更好地理解环境问题的内涵，首先了解以下几个环境词汇是十分必要的。

（1）**环境质量**　环境质量是对于环境状况的一种描述，即在一个具体的环境内，环境的总体或环境的某些要素对人群的生存和繁衍及社会经济发展的适宜程度，它是反映人群的具体要求而形成的对环境评定的一种理念。引起环境质量变化的原因可以是自然因素，也可以是人为因素。例如由于人类经济发展引起的环境污染、人类对自然资源的不合理开发引起的资源枯竭和地质灾害、生态系统破坏引起物种多样性的锐减，以及频发的自然灾害和全球气候变化造成人类居住环境的恶化等。

（2）**环境污染**　人类活动产生的污染物或污染因素，进入环境的量超过环境容量或环境自净能力时，就会导致环境质量的恶化，出现环境污染。环境污染可分为环境污染和环境干扰。前者是指人类活动所排出的污染物，作用于环境的不良影响，其特点是污染源停止排出污染物后，污染并没有马上消失，还会存在较长的时间；后者是人类活动排出的能量作用于环境而产生不良影响，干扰源停止后，干扰立即停止。

（3）**环境容量**　环境容量是指在人类生存和自然环境不至于受害的前提下，环境可以容纳的污染物质最大负荷。环境容量包括绝对容量和年容量两个方面。

① 绝对容量。环境的绝对容量（W_Q）是某一环境所能容纳某种污染物的最大负荷量，达到绝对容量没有时间限制，即与年限无关。环境绝对容量由环境标准的规定值（W_S）和环境背景值（B）来决定。数学表达式包括以浓度单位表示的和以质量单位表示的两种。

以浓度单位表示的环境绝对容量的计算如式（1-1）所示：

$$W_Q = W_S - B \qquad (1-1)$$

式中，W_Q 为某一环境所能容纳某种污染物的最大负荷量，mg/kg；W_S 为环境标准的规定值，mg/kg；B 为环境背景值，mg/kg。

任何一个具体环境都有一个空间范围，如一个水库能容纳多少立方米的水；一片农田有多少亩，其耕层土壤（深度20 cm）有多少立方米；一个大气空间（在一定高度范围内）有多少立方米的空气等。对这一具体环境的绝对容量常用质量单位表示。

以质量单位表示的环境绝对容量的计算如式（1-2）所示：

$$W_Q = M(W_S - B) \qquad (1-2)$$

式中，W_Q 为环境绝对容量，mg；M 为某环境的空间介质的质量，kg；W_S 为环境标准的规定值，mg/kg；B 为环境背景值，mg/kg。

② 年容量。年容量（W_A）是某一环境在污染物的积累浓度不超过环境标准规定的最大容许值的情况下，每年所能容纳的某污染物的最大负荷量。年容量的大小除了同环境标准规定值和环境背景值有关外，还同环境对污染物的净化能力有关。

③ 年净化率。若某污染物对某一环境的输入量为 A，经过一年以后，被净化的量为 A'，则该污染物在环境中的年净化率 K 可表示为（A'/A）×100%。

以浓度单位表示的环境年容量：

$$W_A = K(W_S - B) \qquad (1-3)$$

以质量单位表示的环境年容量：

$$W_A = KM(W_S - B) \qquad (1-4)$$

年容量与绝对容量的关系：

$$W_A = KW_Q \qquad (1-5)$$

某农田对铜的绝对容量为2.0 mg/kg，农田对铜的年净化率为20%，其年容量则为2.0×20%=0.4 mg/kg。按此污染负荷，该农田铜的积累浓度永远不会超过土壤标准规定的铜的最大容许值4 mg/kg。

④ 环境容量一般可以分为三个层次：

生态的环境容量：生态环境在保持自身平衡下允许调节的范围。

心理的环境容量：合理的、游人感觉舒适的环境容量。

安全的环境容量：极限的环境容量，指某个地区（空间）可以维持某一特定种的最高的种群水平。按照种生长的逻辑斯蒂理论，是指上限值，一般是指由平均气候条件、生境的构造、食物供给量等所决定的可以维持的最大个体数目，在后者的情况下，不把天敌、竞争种等看作决定环境容量的因素，而是把它们看作是限制个体数量的重要原因。

（4）环境自净　污染物质或污染因素进入环境后，将引起一系列物理的、化学的和生物的变化，而自身逐步被清除出去，从而达到环境自然净化的目的，环境的这种作用被称为环境自净。当然，环境的自净能力是有限的，如果超过了这个量，就会导致污染。

（5）环境效应　自然过程或人类的生产和生活活动对环境造成污染和破坏，从而导致环境系统结构和功能的变化，被称为环境效应。它有正效应，也有负效应。环境保护的基本任务就是尽可能地增加环境系统的正效应，降低环境系统的负效应，从而改善生态环境的质量。环境效应可分为自然环境效应和人为环境效应。自然环境效应是以地球和太阳能为主要动力来源，环境中的物质相互作用所产生的环境效应；人为环境效应则是由人类活动而引起的环境质量变化和生态变异的效果。例如，城市及工业区因大量燃烧化石燃料，放出大量的热量，加之城市建筑群及道路的热辐射，引起局部地区气温高于周围地区，被称为"热岛效应"；烟尘增加在大气空间形成烟云覆盖，遮挡了阳光，致使光照减弱的现象，被称为"阳伞效应"；由于大气中二氧化碳的增加，导致气温升高、气候变暖，被称为"温室效应"。这几种环境效应都伴随有物理效应、化学效应和生物效应。

1.5　环境问题的分类

根据产生原因，环境问题可以归纳为三大类：

① 第一类环境问题：由自然力引起的为原生环境问题。自然环境原生自然灾害就属于这类环境问题，它是由自然演变或自然环境自身变化引起的，主要有干旱、台风、崩塌、滑坡、泥石流、地震、洪涝，以及区域自然环境质量恶劣所引起的地方病等。这些灾害通常具有突发、有力、无法控制、引起破坏和混乱等特点。

以当今的经济和技术发展水平来看，人类的抵御能力还是很低的。虽然自然灾害的发生很难避免，人类仍可以采取一些措施来减少损害。我国是世界上主要的"气候脆弱区"之一，自然灾害频发、分布广泛、损失重大，是世界上自然灾害最为严重的国家之一。20世纪的观测事实表明，气候变化引起的极端天气气候事件出现的频率与强度明显上升，每年因此造成的经济损失约占GDP的3%～6%，直接危及我国的国民经济发展。为应对这些自然灾害，相关部门制定了8项措施：制定预案，常备不懈；以人为本，避灾减灾；监测预警，依靠科技；防灾意识，全民普及；应急机制，快速响应；分类防灾，针对行动；人工影响，力助减灾；风险评估，未雨绸缪。

随着科学技术和生产力水平的极大提高，如今一些大型的或超大型的工程项目也会引起类似的灾害，如兴建水库可能会诱发地震，增加库区及附近地区地震发生的频率；山区的水库两岸山体滑坡、塌方和泥石流的频率会有所增加；核试验也有可能引发地震。此类灾害不属于第一类环境问题，而是下面将要介绍的第二类环境问题。

② 第二类环境问题：由人类活动引起的次生环境问题。其中包括由人口激增、城市化、经济高速发展引起的环境污染和由人类活动所导致的森林破坏、土地沙漠化、水土流失等一系列的生态退化。具体来说，第二类环境问题就是人类为了满足自己的生产和消费活动，过度地将生产和消费活动中所产生的废弃物向环境排放，超过了环境的自身调节能力，从而造成对环境的破坏，使环境质量越来越差，导致环境问题。

③ 第三类环境问题：由社会结构的严重不合理所造成的环境问题。如经济和社会发展水平低下或比例失调引起的各种社会问题等。因此，解决此类环境问题的唯一途径是逐步调整和改善主体群对环境的种种行为。要有效地调整和改善主体群对外部的行为，就应逐步有计划地制定主体群内部的行为准则。在坚持全过程控制原则和双赢原则的基础上，通过教育、法律、经济、行政和科技等手段协调人类社会发展与环境之间的相互关系。

参考文献

[1] 胡智泉 . 生态环境保护与可持续发展 [M]. 武汉：华中科技大学出版社，2021.

[2] 吴冰 . 碳达峰碳中和：目标、挑战与实现路径 [M]. 北京：东方出版社，2022.

[3] 马本 . 环境治理的中国之制：纵向分权与跨域协同 [M]. 北京：中国社会科学出版社，2022.

[4] 张跃军 . 中国实现碳减排目标的途径与政策研究 [M]. 北京：科学出版社，2021.

[5] 罗瑜 . 生态财富与绿色发展方式研究 [M]. 北京：人民出版社，2021.

[6] 郭施，陆健 . 环境共治：理论与实践 [M]. 上海：上海科学技术文献出版社，2021.

[7] 李花粉，万亚男 . 环境监测 [M]. 2 版 . 北京：中国农业大学出版社，2022.

[8] 胡蓉 . 中国环境规制研究 [M]. 北京：中国社会科学出版社，2022.

[9] 杨越，陈玲 . 迈向碳达峰、碳中和：目标、路径与行动 [M]. 上海：上海人民出版社，2021.

[10] 张可 . 工程环境保护概 [M] . 武汉：武汉理工大学出版社，2022.

[11] 刘翔 . 碳减排政策选择及评估 [M]. 北京：知识产权出版社，2021.

[12] 王金南，万军，秦昌波 . 迈向美丽中国的生态环境保护战略研究 [M]. 北京：中国环境出版集团，2021.

[13] 谢剑锋 . 碳减排基础及实务应用 [M]. 北京：经济日报出版社，2022.

第 2 章　全球环境问题

2.1　全球气候变暖

全球气候变暖是一种"自然现象"。人们焚烧化石矿物或砍伐森林并将其焚烧时产生的二氧化碳、甲烷、氯氟化碳、臭氧等多种温室气体释放入大气环境中，由于这些温室气体对来自太阳辐射的可见光具有高度的透过性，而对地球反射出来的长波辐射具有较强的吸收性，能强烈吸收地面辐射中的红外线，也就是常说的"温室效应"，导致全球气候变暖。

2.1.1　全球气候变暖的含义

近百年来，全球平均气温经历冷→暖→冷→暖四次规律性波动，总体来看气温为上升趋势。尤其是 20 世纪 80 年代以后，全球气温上升明显。地球大气层和地表系统犹如一个巨大的"玻璃温室"，使地表始终维持着一定的温度。在这一系统中，大气既能让太阳辐射透过达到地面，同时又能阻止地面辐射的散失，我们把大气对地面的这种保护作用称为大气的温室效应，造成温室效应的气体称为"温室气体"，它们可以让太阳短波辐射自由通过，同时又能吸收地表发出的长波辐射。这些气体有二氧化碳、甲烷、氯氟化碳、臭氧、氮的氧化物和水蒸气等，其中最主要的是二氧化碳。近百年来全球的气候正在逐渐变暖，与此同时，大气中的温室气体的含量也在急剧增加。许多科学家都认为，温室气体的大量排放所造成的温室效应是加剧全球气候变暖的基本原因。

大气中二氧化碳排放量增加是造成地球气候变暖的根源。国际能源机构的调查结果表明，美国、中国、俄罗斯和日本的二氧化碳排放量几乎占全球总量的一半。

全球气候变暖是指在一段时间内，地球大气和海洋温度上升的现象，全球气候变暖的原因有两方面：一是大量燃烧煤炭、天然气等化石燃料产生大量温室气体；二是砍伐原始森林，使得森林吸收二氧化碳的能力下降。未来一百年间这一趋势还会继续下去，很多研究证实地球气温将在未来几个世纪继续升高，海平面明显上升。过去一个世纪以来，全球气候变暖现象不断发生，给自然生态系统、人类生存和发展带来严重威胁，具体见表2-1。

表 2-1　20 世纪以来，全球发生的气候变暖现象

名称	地点	时间	原因	现象及后果
候鸟迁徙	全球	20 世纪后期	全球气候变暖	在几十年里，全球200亿只候鸟改变迁徙习性，长途迁徙改短途迁徙，短途迁徙不再迁徙，对它们的繁殖习惯、进食习惯和遗传多样性都产生了影响
山东农业灾害	中国山东	20 世纪 80 年代后期	气候明显变暖，热量资源增加	农业生产效率提高，喜温作物面积扩大；同时，干旱发生概率加大，病虫等越冬存活率上升，防治难度加大
北极熊自相残杀	北极	2004 年 1 月	气候变暖	北极无冰季延长，饥饿的北极熊无法获得食物，把目标投向了同类
祁连山冰川消融	中国甘肃	1957 ~ 2008 年	冰川附近年平均气温明显升高	冰川面积缩小；专家预计，面积在 2 km² 左右的小冰川将在2050年前基本消失，较大的冰川也只有部分可以勉强支持到21世纪50年代以后
西藏遭受严重自然灾害	中国西藏	2009 年	平均气温达到了 39 年的历史最高值，平均气温 5.9℃，较常年偏高 1.5℃	干旱、霜冻、雪灾、冰雹、雷电、大风、泥石流等灾害性天气频发，同时一些病虫开始在肆虐
维多利亚森林火灾	澳大利亚	2009 年 2 月	气候变暖，引起热浪袭击	200多人死亡，1万多人无家可归，大面积的农田和森林被摧毁
基里巴斯居民欲举国搬迁	基里巴斯	2010 年	气候变暖，海平面上升	部分国土已被海水淹没，升高的海水污染了饮用水源，致使农田被毁坏，农作物无法生长，这座岛国正变得越来越不适宜人类生存
白鹤进化速度加快	西班牙	2010 年	气候变暖	白鹤不再迁徙，进化速度加快，据统计白鹤数量是6年前的两倍，增加到3万多只
澳大利亚野火	澳大利亚	2019 ~ 2020 年	持续的极端干旱、高温加剧了野火	澳大利亚东南地区野火（包括林火、山火）从2019年9月开始肆虐，持续数月，被林火毁掉的面积超过600万公顷，大片自然生态、基础设施以及民宅等遭受破坏。估计短短几个月内，大火向空中释放了3.5亿吨二氧化碳。气候专家认为，吸收大火释放的二氧化碳可能需要一个世纪或更长时间
海平面高度上升	全球	2022 年	气候变暖，冰川融化	海平面高度再创新高。1993年以来，海平面上升速度翻了一番，仅在过去两年半的时间内海平面上升幅度就达到了近30年上升幅度的10%

2.1.2 温室效应的含义

温室效应是大气保温效应的俗称。太阳短波辐射可透过大气射入地面，而地面增暖后反射的长波辐射却被大气中的二氧化碳等物质吸收，从而产生大气变暖的效应。大气中的二氧化碳像一层厚厚的玻璃，阻止地球热量的散失，使地球变成了一个大暖房，因其作用类似于栽培农作物的温室，故称为温室效应，又称"花房效应"。目前，地球表面平均温度是15℃，若无温室效应，地球表面平均温度是−18℃，温室效应使地球表面温度升高33℃。

太阳辐射主要是短波辐射，地面辐射和大气辐射主要是长波辐射。大气对长波辐射的吸收能力较强，对短波辐射的吸收能力较弱。在白天，太阳光照射到地表，大约47%的能量被地球表面吸收，其余能量被大气吸收和射回宇宙。在夜晚，地表以红外线的方式向宇宙散发白天吸收的热量，其中部分能量被大气吸收。地表大气层类似被玻璃覆盖的温室一样，保存一定热量，使得地球保持了相对恒定的温度。温室气体的增加，使得地球保留的热能增加，导致全球气候变暖。

温室效应主要是由人类活动和现代化工业大量燃烧煤炭、石油和天然气，以及自然界自身排放温室气体进入大气造成的。引起温室效应的气体被称为温室气体，主要包括二氧化碳、氯氟烃、甲烷、一氧化氮及其他痕量气体等30多种。温室气体中，二氧化碳所占的比例最大，约为75%，氯氟烃占15%～20%，其他气体占5%～10%。

2.1.3 全球气候变暖的原因

引起全球气候变暖的因素主要包括以下几个方面：

（1）人口数量的增加 2022年11月15日，联合国发布《世界人口展望2022》报告，宣布世界迎来一个新的人口里程碑，世界人口达到80亿。当前世界人口数量是20世纪中期的三倍多。1950年，全球人口约为25亿。报告预测，2050年世界人口将达97亿，2100年全球人口或达104亿。人口数量的急剧增加是导致全球气候变暖的主要原因之一。一方面，由于人类的各种生产、生活和经济活动会排放出大量的温室气体；另一方面，人类自身排放大量二氧化碳，导致大气中二氧化碳的含量增加，形成"温室效应"，直接影响着全球气候变化。

（2）海洋生态环境恶化 占地球面积2/3的海洋生态系统作为地球水圈的最重

要组成部分，同气候系统各圈层之间存在着相互依存、相互作用的关系。海洋对于气候的形成及其变化影响非常大。到达地球的大部分太阳辐射落在海洋上并被海洋吸收。由于海洋的质量和比热容很大，构成了一个巨大的能量存储器。海洋巨大的热惯性使得海面温度的变化比陆面温度的变化小得多，它对大气温度的变化起着缓冲器和调节器的作用。当污染物排入海洋生态系统时，引起海洋生态环境恶化，使海洋失去了调节大气中水汽和热量的能力。海洋中的浮游生物群落向大气层中释放了大量的二氧化碳，导致气候变暖。此外，随着全球气温的上升，海洋中蒸发的水蒸气量大幅度提高，进一步加剧了气候变暖现象。

（3）温室效应的影响　从19世纪60年代以来，大气中温室气体的含量急剧增加，北半球的气温也随之上升。这些温室气体在大气层中成年累月聚集，即便现在完全停止释放也不可能停止它们所导致的气候变暖趋势。最近一项研究表明，至2050年，由人导致的温度上升将加剧，那时排放到空气中的二氧化碳和其他温室气体将使数百万种地球陆地植物和动物走向灭绝。

（4）自然界火山活动　火山活动是指与火山喷发有关的岩浆活动，包括喷出熔岩、喷射气体、散发热量和喷发碎屑物质等活动。当地球上火山爆发时，会喷发出大量的、非常细小的火山灰，上升到高空，形成一个"气溶胶"层，反射太阳辐射，减少到达地球表面的太阳辐射，使温度降低，这种现象被称为"阳伞效应"。因此，当火山活动频繁时，大气温度降低，当火山活动较少时，气温易升高。20世纪80年代以来，全球火山爆发明显减少，可能也是气候变暖的重要原因之一。1783年日本浅间山火山大爆发，使日本出现"冷夏"，甚至在东北部出现冻害。此外，火山活动喷发出的有害气体，如二氧化碳、二氧化硫、硫化氢等是产生温室效应的主要气体。

（5）地球周期性公转轨迹变动　地球绕太阳公转的轨道每隔10万年就会出现调整，轨道在此期间会变得更圆或更扁。受此影响，地轴倾斜度每隔41000年就会发生周期性的变动。当地球周期性公转轨迹由椭圆形变为圆形时，距离太阳会更近，导致地表温度升高。研究表明，地球温度曾经出现过的高、低温交替现象，是有一定规律性的。

2.1.4　全球气候变暖的影响

全球气候变暖对气候、冰川和自然生态系统都会产生不良的影响，具体如下：

（1）对气候的影响　气候变暖会导致南、北极冰川融化，海平面上升，侵蚀海岸，引起红树林和珊瑚礁等生态群落丧失。此外，海水还会入侵地下淡水层，导致沿海土地盐渍化等问题，从而造成海岸、河口、海湾自然生态环境失衡。全球气候变暖使大陆地区，尤其是中、高纬度地区降水明显增加，非洲地区降水明显减少，并且增加了某些地区极端天气气候事件发生的频率和强度，如厄尔尼诺现象、干旱和洪涝灾害、风暴肆虐、极端高温天气和沙尘暴等。

（2）对冰川的影响　如果全球气温持续上升，北极冰山融化将释放出大量有毒化学物质，如杀虫剂DDT、氯丹等，这些物质是之前捕获和截留在冰层和冻水中的。另外，这些有毒化学物质属于持续性有机污染物质，会诱发生物的癌症和先天缺陷等疾病，严重威胁着海洋生物和人类生存环境。挪威和加拿大的科学家在监测空气中有机污染物时发现，全球气候变暖正在使这些污染物重获"新生"。

此外，全球气候变暖导致降雨量增加，使大量淡水汇入北大西洋，破坏并切断了墨西哥湾暖流。北大西洋暖流一旦被切断后，欧洲西北部温度可能会下降5～8℃，欧洲可能面临一次新的冰河时代。而降水量增加会导致水域面积和水分蒸发量增大，雨季延长，使人类遭受洪灾、风暴侵蚀的机会增大，威胁人类的生存。

国际冰雪委员会研究报告指出："喜马拉雅地区冰川后退的速度比世界其他任何冰川都要快。如果目前的融化速度继续下去，这些冰川在2035年之前消失的可能性非常大。"国际冰雪委员会负责人塞义德·哈斯内恩说："即使冰川融水在60~100年的时间里干涸，这一生态灾难的影响范围之广也将是令人震惊的。"位于恒河流域的喜马拉雅山东部地区冰川融化的情况最为严重，那些分布在世界屋脊上的从不丹到克什米尔地区的冰川融化的速度最快。以长达3 mile（1 mile=1609.344 m）的巴尔纳克冰川为例，这座冰川是4000万～5000万年前印度次大陆与亚洲大陆发生碰撞而形成的许多冰川之一，自1990年以来，它已经后退了0.5 mile。在经过了1997年严寒的亚北极区冬季之后，科学家们曾经预计这条冰川会有所扩展，但是它在1998年夏天反而进一步后退了。

（3）对生态系统的影响　全球气候变暖影响和破坏了生物链、食物链，使某些物种逐渐减少或灭绝，对生态系统造成严重破坏。

① 对农作物的影响。全球气候变暖对农作物生长的影响有利有弊。其好处在

于，降水量增加会促进干旱地区农作物的生长，并且大气中二氧化碳含量升高也会促进光合作用，从而提高农作物产量。此外，气候变暖还有利于提高高纬度地区喜湿热的作物产量。其弊端在于，全球气温变化直接影响全球的水循环，使某些地区出现旱灾或洪灾，导致农作物减产。温度过高也不利于种子发育、生长。

② 对生物物种的影响。全球持续升温导致南极两大冰架先后坍塌，影响了海洋生物的生活环境。来自14个国家的全球科学考察队发现，当冰架崩解后，一个面积达1万平方公里的海床显露出来，发现很多未知的新物种，例如，类似章鱼、珊瑚和小虾的生物。科学家朱利安·格特称，在考察发现中有95%的生物是南极本土的，另外5%的生物是在冰架崩解后新生的。

（4）对人体健康的影响　全球气候变暖对人体健康的影响主要包括以下三方面：

① 全球气候变暖导致某些地区夏天出现超高温度，引发心脏病和呼吸系统疾病。

② 全球气候变暖导致空气中臭氧浓度增加，当臭氧存在于较低空条件下时，会破坏人的肺部组织，引发哮喘或其他肺病。

③ 全球气候变暖会造成某些传染性疾病传播。研究表明，随着山顶的变暖，海拔较高地方的环境有利于蚊子及其携带的疟原虫的繁衍和生存。

2.1.5　全球气候变暖的对策

为应对全球气候变暖所带来的危害，世界各国正在积极采取措施，主要包括：

（1）减少温室气体的排放　通过调整能源结构，采用清洁能源，开发可替代能源，以提高能源利用率，节能，从而减少温室气体的排放量。清洁能源是不排放污染物的能源，包括核能和可再生能源。可再生能源是指原材料可以再生的能源，如水力发电、风力发电、氢能、太阳能、生物能（沼气）和潮汐能等，可再生能源不存在能源耗竭的可能。如生物能是太阳能以化学能形式储存在生物中的一种能量形式，一种以生物质为载体的能量，它直接或间接地来源于植物的光合作用，可转化成常规的固态、液态和气态燃料。因此，利用清洁能源，明显减少化石燃料用量，对降低温室效应会产生直接效果。

（2）全面禁用氢氟碳化物　氢氟碳化物是有助于避免破坏臭氧层的物质，常用来替代耗臭氧物质，如广泛用于冰箱、空调和绝缘泡沫生产的氯氟烃。1987年《蒙特利尔议定书》中提出要逐步淘汰氯氟烃和其他耗臭氧物质的使用，结果导致了氢氟碳化物的广泛应用。预计在未来几十年里，氢氟碳化物的使用量会不断增长。

氢氟碳化物对气候的影响非常大，是一种极强的温室气体，其对气候变暖的作用远比等量的二氧化碳要强，有的氢氟碳化物的致暖效应要比二氧化碳高几千倍。虽然目前氢氟碳化物对气候变化的影响还很小，不足二氧化碳的1%，但到2050年，氢氟碳化物对气候变暖的贡献比例将上升至二氧化碳的7%~12%。如果经过国际努力能够成功稳定住全球二氧化碳排放量的话，氢氟碳化物对气候变暖的影响会变得更加重要。如果全球氢氟碳化物的消费量每年减少4%，在2040年由其引起的气候变暖将达到峰值，随后在2050年前会开始下降。

（3）保护和种植森林　众所周知，导致全球变暖的罪魁祸首可能是人类排放的过多的二氧化碳。森林植物通过光合作用将大气中的二氧化碳以生物量的形式储存在林木中，也就是说，森林具有吸收二氧化碳的功能，这一过程被称为碳汇。因此，在减少温室气体排放、稳定大气二氧化碳浓度的措施中，森林扮演着重要的角色。首先，森林是陆地生态系统最重要的碳吸收汇和碳储存库，通过增加森林面积提高森林的碳汇功能可作为缓解大气温室气体浓度变化的一个途径。其次，在增加森林碳汇的同时，还可以保护生物多样性，减少风沙，净化空气，涵养水源。森林的碳汇功能在减缓全球气候变化的过程中将充分发挥其在气候方面的环境效益。因此，我们要增加现有的森林面积，改善森林管理，提高森林的碳汇，避免毁林和森林退化，减少由于毁林和森林退化引起的碳排放。

美国最新研究表明，气候变暖与人类砍伐森林有密切关系，减少森林砍伐有助于遏制全球气候变暖。受大量砍伐影响，目前热带雨林每年比过去少吸收15亿吨的二氧化碳，这个数字占每年人类活动所造成的二氧化碳排放量的近20%。由于森林的"吸热"作用在降低，大气层的温室气体越积越多，从而加剧了气候变暖。这是科学家首次研究砍伐森林与气候变暖的关系，刊登在美国《科学》杂志上。森林能够有效地吸收二氧化碳，因此保护森林有利于稳定大气中温室气体的浓度。

（4）交通运输工具尾气排放限制　交通运输工具（如汽车、轮船和飞机等）产生的尾气中，含有大量的温室气体，如二氧化碳、一氧化碳、碳氢化合物、氮氧化合物和颗粒物等。此外，汽车使用过程中不可避免地产生空调器的制冷剂（氟氯烃类物质）泄漏等，也是产生温室气体的重要原因。因此，对交通运输工具排放的尾气进行限制，则可以削减温室气体的排放量，进而减缓气候变暖。例如，对于汽车，应尽量采用小排量发动机和混合燃料发动机，广泛采用汽车尾气催化转化技术，最大限度地减少汽车尾气中氮氧化物的排放量。随着全球汽车保有量的增加，由汽车排放产生的温室气体所占的比例还会增加，汽车对全球气候变暖将会产生重大影响。

2.2　酸雨

酸雨正式的名称应为酸性沉降，分为"湿沉降"与"干沉降"两类。湿沉降指的是所有气状污染物或粒状污染物，随雨、雪、雾或雹等以降水形式降落地面。干沉降是指在没有雨的时期，落尘携带的酸性物质从空中降落。

2.2.1　酸雨和酸雨率的定义

1872年英国科学家史密斯对伦敦市雨水成分进行分析，发现呈酸性。农村雨水中含碳酸铵，酸性较弱。郊区雨水含硫酸铵，呈弱酸性。市区雨水含硫酸或酸性的硫酸盐，呈酸性。史密斯在《空气和降雨：化学气候学的开端》著作中，最先提出"酸雨"这一专有名词。

（1）酸雨的定义　酸雨是指pH值小于5.6的雨、雪或其他形式的降水。雨、雪等在形成和降落过程中，吸收、溶解空气中的二氧化硫、氮氧化合物等酸性气体，形成了pH值小于5.6的酸性降水。

溶液酸性强弱与水溶液中氢离子浓度有关，碱性强弱则与水溶液中氢氧根离子浓度有关。pH值通过氢离子浓度对数的负值求得。纯水的pH值为7，pH值越小，溶液酸性越强，pH值越大，溶液碱性越强。未被污染的雨、雪pH值接近7，呈中性。当大气中二氧化碳浓度达到饱和状态时，其水溶液pH值为5.65，略呈酸性。因此，pH值5.65是定义酸雨、酸雪和酸雾的临界值。pH值小于5.65的雨叫酸雨，pH值小于5.65的雪叫酸雪，pH值小于5.65的雾叫酸雾。

（2）酸雨率的定义　对于某一地区而言，一年之内可以降若干次雨水，有时候是酸雨，有时候不是酸雨。酸雨率应以一个全过程降水为单位，某一地区的酸雨率是指该地区一年内降落酸雨的次数与降雨总次数的比值，该比值介于 0~100% 之间。除年均降水 pH 值之外，酸雨率也是判别某一地区是否为酸雨区的又一重要指标。

2.2.2　酸雨的形成

酸雨是由复杂的大气物理和大气化学综合作用而成。酸雨中含有以硫酸和硝酸为主的多种无机酸和有机酸，还有少量灰尘。酸雨主要是人类向大气中排放大量酸性物质造成的。人类大量使用煤、石油和天然气等化石燃料，燃烧后产生酸性气体（以硫氧化合物或氮氧化合物为主），在大气中经过化学反应，形成硫酸或硝酸气溶胶，被云、雨、雪、雾捕捉吸收，降到地面成为酸雨。如果形成酸性物质时无云雨，酸性物质会以重力沉降形式降落地面，此过程称为干沉降。

含硫化石燃料、氮氧化合物和其他酸性气体形成酸雨的化学反应过程如下：

（1）含硫化石燃料燃烧

第一步，含硫化石燃料燃烧生成二氧化硫：

$$S+O_2 \longrightarrow SO_2 \tag{2-1}$$

第二步，二氧化硫和水作用生成亚硫酸：

$$SO_2+H_2O \longrightarrow H_2SO_3 \tag{2-2}$$

第三步，亚硫酸在空气中氧化成硫酸：

$$2H_2SO_3+O_2 \longrightarrow 2H_2SO_4 \tag{2-3}$$

（2）氮氧化合物溶于水形成硝酸

第一步，雷雨闪电时，氮气与氧气化合生成一氧化氮，同时有少量二氧化氮产生：

$$N_2+O_2 \longrightarrow 2NO \tag{2-4}$$

第二步，一氧化氮性质不稳定，在空气中被氧化成二氧化氮：

$$2NO+O_2 \longrightarrow 2NO_2 \tag{2-5}$$

第三步，二氧化氮和水作用生成硝酸：

$$3NO_2+H_2O \longrightarrow 2HNO_3+NO \tag{2-6}$$

（3）其他酸性气体溶于水　这些酸性气体主要包括氟化氢、氟气、氯气、硫化氢等，它们溶于水，会形成相应的酸，导致酸雨。

2.2.3 酸雨形成物质来源

酸雨形成物质的发生源，按照生产过程分为天然源和人为源两类。

（1）天然源 酸性物质的天然源主要包括火山爆发、森林火灾、闪电和微生物分解作用四种：

① 火山爆发可喷出大量的二氧化硫气体。

② 雷电和干热引起的森林火灾也是天然氮氧化合物的排放源。此外，由于树木也含有微量硫元素，因此森林火灾也会释放出一定量的硫氧化合物。

③ 当空气中发生雨云闪电时，伴随较强的能量，可使空气中的氮气和氧气结合生成一氧化氮，继而被氧化为二氧化氮，与空气中的水蒸气反应生成硝酸。

④ 土壤中某些机体，如动、植物残骸在微生物作用下可分解成硫化物，继而转化为二氧化硫。此外，土壤中硝酸盐在微生物作用下，被分解成一氧化氮和二氧化氮等酸性气体。

（2）人为源 酸性物质的人为源主要包括化石燃料的燃烧、工业生产过程和交通工具产生的尾气三种。具体如下：

① 化石燃料的燃烧。煤、石油和天然气等在地下埋藏上亿年，由古代的动、植物化石转化而来，所以被称为化石燃料。这些化石燃料中含有大量的硫和氮等元素，燃烧过程中生成二氧化硫和二氧化氮等酸性气体，与空气中的水滴结合，进而形成酸雨。

② 工业生产过程。人类从事的工业生产活动较多，如金属冶炼、化工生产和石油炼制等。在金属冶炼过程中，某些有色金属（铜、铅、锌）的矿石是硫化物，矿石还原过程中会产生大量二氧化硫气体，部分进入大气环境。对于生产硫酸和硝酸的化工生产过程，可产生数量可观的二氧化硫和二氧化氮气体。石油炼制过程也会产生二氧化硫和二氧化氮等酸性气体。

③ 交通工具产生的尾气。飞机、汽车和轮船等交通工具运行过程中，会产生大量氮氧化合物、碳氧化合物和碳氢化合物等有害气体。在交通工具发动机内，以空气作为氧化剂，燃料进行充分燃烧，产生的尾气中含二氧化碳、未燃尽的碳氢化合物以及高温燃烧生成的氮氧化合物等酸性气体。

2.2.4 酸雨的危害和防治

（1）酸雨的危害 酸雨对土壤、水体、森林、建筑和名胜古迹等均会产生不同程度的危害，对地球生态环境具有一定的破坏作用，同时影响人类的生存和发展。酸雨的危害主要表现在以下六个方面：

① 对水域生物的危害。酸雨会污染江河、湖泊等水体生态环境，危害水生动物，尤其是鱼、虾的生存，具体危害主要包括：

第一，水体环境酸化可引起鱼类血液与组织失去营养盐分，导致鱼类烂鳃、变形，甚至死亡。首先，水体酸化可抑制细菌的繁殖，使细菌总数减少，降低其分解有机物速度，从而使真菌数量增加，进而加速水体富营养化进程，使水体丧失生产能力。在酸化水体中，鱼类的种群和数量也会明显减少，这是鱼类食用的浮游动物在酸性水体中生物量减少导致的。其次，鱼类本身对环境酸度的变化非常敏感。当水体环境pH值发生突变时，鱼类很难快速适应，造成鱼类大量死亡。此外，虽然鱼类对水体pH值具有一定适应能力，但持续的酸性压力会使鱼类的生理功能失常、繁殖能力下降，从而导致鱼群的数量逐渐减少，直至消失。

在瑞典的9万多个湖泊当中，已有2万多个遭到酸雨危害，4千多个成为无鱼湖。挪威有260多个湖泊鱼虾绝迹。北美的加拿大和美国，已有几万个大小湖泊遭到酸雨的破坏，其中加拿大就有4500多个湖泊无鱼类生存，成为"死湖"。我国重庆南山等地水体酸化，pH值低于4.7，鱼类不能生存。

第二，水体环境酸化会导致水生植物死亡，破坏生物间的营养结构，造成严重的水域生态系统紊乱。如在pH值高于6.0的湖泊中，浮游植物种群正常生存，但随着pH值的降低，植物种群会发生变化。此外，水体环境酸化会影响水生生物的种类，如在pH值大于6.0的湖泊中，硅藻为主要水生生物，当pH值小于6.0时，硅藻被绿藻取代，当pH值为4.0时，转板藻成为优势菌属。表2-2为pH值对水中生物的影响。

表2-2　pH值对水中生物的影响

pH 值	影响
< 6.0	鱼类的食物相继死去，如蜉蝣和石蝇
< 5.5	由于缺乏营养，鱼类不能繁殖，幼鱼很难存活，同时形成较多畸形鱼，且鱼类因窒息而死
< 5.0	鱼类相继死去
< 4.0	很难有生物存活，即使存在水生生物，也不同于之前的生物种类

第三，酸雨还会污染河流、湖泊和地下水，直接或间接地危害人体健康。

② 对陆生植物的危害。森林是陆地生态系统中最重要的组成部分之一。它不仅提供给人类必需的木材及其副产品，还具有涵养水源、保持水土、防风固沙、净化空气和美化环境等多种生态功能。酸雨会影响树木的生长发育，降低生物产量，甚至引起森林消失。原因在于：首先，酸雨可直接入侵树叶的气孔，破坏叶面的蜡质保护层。当pH < 3时，植物的阳离子可从叶片中析出，导致营养元素流失，使叶面腐蚀而产生斑点和坏死。其次，酸雨阻碍植物的呼吸作用和光合作用等生理功能。当pH < 4时，植物光合作用受到抑制，引起叶片变色、皱折、卷曲，直至枯萎，进而影响植物的成熟度，降低产量。最后，酸雨渗入土壤后，酸化土壤，破坏土壤的营养结构，从而间接影响陆生植物的生长。

③ 对农作物的危害。酸雨不仅对农作物的茎叶产生危害，还会溶解土壤中的金属元素，造成矿物质大量流失，植物无法获得充足的养分。但是，土壤中因酸雨释出的金属也可能为植物吸收利用，如土壤中铁元素的释出有助于植物的生长。因此，酸雨对农作物的影响有利有弊，其影响机理目前尚不十分清楚。

④ 对土壤的危害。酸雨会改变土壤的物理性质和化学性质，其影响包括：

a. 酸雨落地渗入土壤后，使土壤酸化，破坏土壤的营养结构。酸雨使植物营养元素（Ca、Mg和Fe等）从土壤中淋洗出，造成土壤中营养元素的严重不足，使土壤贫瘠，影响植物的生长和发育。

b. 土壤中某些金属（Ni、Al、Hg、Cd、Pb、Cu和Zn）等被溶出，在植物体内积累或进入水体造成污染，危害陆生和水生生物的繁殖生存。

c. 降落过量酸雨，造成土壤中微生物分解有机物的能力下降，影响土壤微生物的氨化、硝化和固氮等作用，最终降低土壤养分供应能力，影响植物的营养代谢。

⑤ 对建筑物的危害。酸雨对金属、石料、水泥、木材等建筑材料均具有较强的腐蚀作用。酸雨可使非金属建筑材料表面硬化水泥溶解，出现空洞和裂缝，损坏建筑物。酸雨对金属材料的腐蚀也十分严重。酸雨还会腐蚀古建筑和石雕艺术品。世界上许多古建筑和石雕艺术品遭酸雨腐蚀而严重损坏，如美国的自由女神像，加拿大的议会大厦和我国的乐山大佛等。

⑥ 对人体健康的危害。酸雨对人体健康的危害主要包括直接危害和间接危害。首先，酸雨会刺激皮肤、眼角膜和呼吸道黏膜等，引起红眼病、支气管炎和呼吸系

统疾病。酸雨微粒还可侵入肺的深层组织，引起肺水肿和肺硬化等疾病。此外，酸雨还可使儿童免疫力降低，易感染慢性咽炎和支气管哮喘等疾病。其次，酸雨对人体健康产生间接影响。酸雨使土壤中的有害重金属带入河流、湖泊，一方面污染饮用水水源地；另一方面有毒的重金属在人体中积累，诱发癌症和老年痴呆等疾病。最后，土壤中的有害重金属溶出，被粮食和蔬菜吸收、富集，人类食用后会中毒，患疾病而死。

（2）酸雨的防治策略　表2-3列出了20世纪以来全球发生的重大酸雨危害事件。

表 2-3　20 世纪以来全球发生的重大酸雨危害事件

名称	时间	地点	发生原因	主要后果
中国重庆南山马尾松死亡	20 世纪80 年代初	中国	随着煤炭消耗量的加大，二氧化硫排放量过大，形成酸雨	重庆南山风景区2.7 万亩马尾松突然死亡1 万亩
德国森林枯死病事件	1983 年	德国	二氧化硫排放量过多，形成酸雨	740 万公顷的树木每年有34% 染上枯死病，死亡率占新生率的21%
自由女神像的腐蚀	1999 年	美国	美国电力公司对火电厂改造时，没安装污染控制设备，化学污染物排放量过大，形成酸雨	对自由女神像等美国标志性建筑以及阿迪朗达克山地造成无可挽回的污染损害
乐山大佛的腐蚀	1996~2000 年	中国	乐山附近一些工业区及周围其他工业区污染物排放量大	大佛在30 年中被溶蚀剥落的厚度达1.9466 cm，佛身及景区内块状粉砂岩，绝大部分出现不同程度的溶蚀剥落现象
北美死湖酸雨事件	20 世纪70 年代	美国东部及加拿大东南部	工业高速发展，二氧化硫排放量年平均2500 多万吨，雨水流入湖泊使得水体酸性增加	湖泊鱼类大量死亡
珠江三角洲地下水酸化	2000~2008 年	中国	工业废气排放量大，2000~2007 年二氧化硫排放量达46.65 万~72.36 万吨	地下水酸化严重，已成为区域地下水环境问题
土壤酸化	2007 年	中国南方	南方土地本来呈现酸性，酸雨冲刷加剧土壤酸化	加速土壤矿质营养元素流失，改变土壤结构，导致土壤贫瘠化，影响植物正常发育，农作物减产，每年经济损失1400 万元
苏州园林遭到破坏	2012 年	中国	工业废气高度排放，形成酸雨	酸雨发生频率为52.3%，苏州园林遭到破坏

在遭受多年的酸雨之后，人类终于认识到酸雨是一个国际性的环境问题，必须共同采取对策。1979年11月在日内瓦举行的联合国欧洲经济委员会的环境部长会议上通过了《控制长距离越境空气污染公约》，并于1983年生效。该公约规定到1993年底，缔约国必须把二氧化硫排放量削减为1980年排放量的70%。欧洲和北美洲等的32个国家在公约上签了字。为了实现公约规定的内容，多数国家已经采取了积极的对策，制定了减少致酸物排放量的法规。减少酸雨主要是减少二氧化硫和氮氧化物的排放。

对于工业和企业可以采取以下措施：

a.采用原煤脱硫技术，原煤脱硫技术可以除去燃煤中大约40%～60%的无机硫。b.优先使用低硫燃料，如含硫较低的低硫煤和天然气等。c.改进燃煤技术，减少燃煤过程中二氧化硫和氮氧化物的排放量。例如，液态化燃煤技术是受到各国欢迎的新技术之一。它主要是利用石灰石和白云石，与二氧化硫发生反应，生成硫酸钙随灰渣排出。d.提高煤炭燃烧的利用率，减少烟道气中氮氧化物的排放量，如用铂、铜等金属作催化剂，以氢、氨或甲烷作还原剂，把氮氧化物还原成氮气。e.烟气脱硫装置和技术，用石灰浆或石灰石在烟气吸收塔内脱硫。石灰石的脱硫效率是85%～90%，石灰浆法脱硫比石灰石法快而完全，效率可达95%。f.加强对汽车尾气的控制，如限制车速、改进发动机结构和添加尾气净化装置。

对于社会和公民应采取的措施主要包括：

a.用煤气或天然气代替烧煤。调整民用燃料结构，实现燃料气体化，最好能做到城市集中供热。b.节约用电，因为大部分的电厂通过燃煤进行发电，节约用电，相当于节约煤燃烧，减少酸性气体的产生量。c.尽可能乘坐公共交通，减少私家车的使用，这样可减少汽车尾气排放。d.支持废物回收再生，相对于制造过程，废物再生可节省大量的电能和燃煤。

2.3 大气污染

按照国际标准化组织（ISO）的定义，大气污染通常是指由于人类活动或自然过程引起某些物质进入大气中，呈现出足够的浓度，达到足够的时间，并因此危害了人体的舒适、健康和福利或环境污染的现象。

2.3.1 大气污染物的定义和分类

（1）大气污染物的定义 随着人类经济活动和生产的迅速发展，在大量消耗能源的同时，将大量废气、烟尘物质排入大气，严重影响了大气环境的质量，特别是在人口稠密的城市和工业区域。凡能使空气质量变差的物质统称为大气污染物。目前，大气污染物约有100多种，其形成主要通过自然因素（如森林火灾、火山爆发等）和人为因素（如工业废气、生活燃煤、汽车尾气等）两种途径，且以人为因素为主。

（2）大气污染物的分类 依据污染物的来源、形成原理和状态，可对大气污染物进行分类，具体为：

① 依据污染物来源。依据污染物产生来源，大气污染物可分为天然污染物和人为污染物两类。天然污染源是指因自然界的运动而形成的各种污染物的发生源，例如火山爆发、森林火灾等；由人类生产和生活活动形成的环境污染源即人为污染源。大气污染物主要包括：

a.颗粒物。颗粒物是指大气中的液体、固体状物质，又称尘。

b.硫氧化物。硫氧化物是硫的氧化物的总称，包括二氧化硫、三氧化硫、三氧化二硫、一氧化硫等。

c.碳氧化物。碳氧化物主要是指一氧化碳，二氧化碳不属于大气污染物。

d.氮氧化物。氮氧化物是氮的氧化物的总称，包括氧化亚氮、一氧化氮、二氧化氮、三氧化二氮等。

e.碳氢化合物。碳氢化合物是以碳元素和氢元素形成的化合物，如甲烷、乙烷等烃类气体。

f.其他有害物质。如金属类、含氟气体、含氯气体等。

② 依据污染物的形成原理。依据污染物的形成原理，大气污染物可分为一次污染物和二次污染物两类。

a.一次污染物。一次污染物是指直接从污染源排放的污染物质，如二氧化硫、一氧化氮、一氧化碳、颗粒物等。一次污染物又进一步分为反应物和非反应物，反应物不稳定，在大气环境中常与其他物质发生化学反应，非反应物作为催化剂促进其他污染物之间的反应，非反应物在大气环境中不发生反应或反应速度缓慢。

　　b. 二次污染物。二次污染物是由一次污染物在大气中互相作用经化学反应或光化学反应形成的，二次污染物与一次污染物的物理、化学性质完全不同，其毒性比一次污染物强。最常见的二次污染物如硫酸及硫酸盐气溶胶、硝酸及硝酸盐气溶胶、臭氧、光化学氧化剂，以及许多不同寿命的活性中间自由基。

　　③ 依据污染物的状态。根据大气污染物的存在状态，可将其分为气溶胶态污染物和气态污染物两种。

　　a. 气溶胶态污染物。根据颗粒污染物的物理性质，气溶胶态污染物分为如下几种：

　　粉尘是指悬浮于气体介质中的细小固体粒子，通常是固体物质的破碎、分级、研磨等机械过程或土壤、岩石风化等自然过程形成的。粉尘粒径一般在 $1 \sim 200 \ \mu m$ 之间。大于 $10 \ \mu m$ 的粒子靠重力作用能在较短时间内沉降到地面，称为降尘，小于 $10 \ \mu m$ 的粒子能长期在大气中飘浮，称为飘尘。

　　烟是指由冶金过程形成的固体粒子的气溶胶。在工业生产过程中伴着化学反应，熔融物质挥发后生成的气态物质冷凝时便生成各种烟尘。烟粒子的粒径范围一般为 $0.01 \sim 1 \ \mu m$。

　　飞灰是指由燃料燃烧后产生的烟气带走的灰分中分散的较细的粒子。灰分是含碳物质燃烧后残留的固体渣。

　　黑烟是指由燃烧产生的肉眼可见的气溶胶，不包括水蒸气。通常以林格曼数、黑烟的遮光率、沾污的黑度或捕集的沉降物的质量来定量表示黑烟，其粒径范围为 $0.05 \sim 1 \ \mu m$。

　　雾是指液体粒子的悬浮体，是液体蒸气的凝结、液体的雾化以及化学反应等过程形成的，如水雾、酸雾、碱雾、油雾等，水滴的粒径一般在 $200 \ \mu m$ 以下。

　　总悬浮颗粒物又称总悬浮微粒，是指悬浮在空气中的空气动力学当量直径 $\leqslant 100 \ \mu m$ 的颗粒物。常见其他概念有 PM_{10}、$PM_{2.5}$ 等，它们均是指粉尘微粒。

　　b. 气态污染物。气态污染物主要包括以下几种：

　　硫氧化物中主要是 SO_2，它是目前大气污染物中数量较大、影响范围广的一种气态污染物。大气中 SO_2 的来源很广，几乎所有工业企业都可能产生。它主要来自化石燃烧过程，以及硫化物矿石的焙烧、冶炼等热过程。火力发电厂、有色金属冶炼厂、硫酸厂、炼油厂以及所有烧煤或油的工业炉窑等都排放 SO_2

烟气。

碳氧化物主要有两种物质，即 CO 和 CO_2。CO 主要是由含碳物质不完全燃烧产生的。CO 是无色、无臭的有毒气体。其化学性质稳定，在大气中不易与其他物质发生化学反应，可以在大气中停留较长时间。高浓度的 CO 可以与血液中的血红蛋白结合，从而对人体造成致命伤害。

含氮化合物包括氮氧化物和含氮有机化合物两类。氮氧化物包括多种含氧化合物，如一氧化二氮（N_2O）、一氧化氮（NO）、二氧化氮（NO_2）、三氧化二氮（N_2O_3）、四氧化二氮（N_2O_4）和五氧化二氮（N_2O_5）等。除二氧化氮以外，其他氮氧化物均极不稳定，遇光、湿或热变成二氧化氮及一氧化氮，一氧化氮又变为二氧化氮。

碳氢化合物是指仅由碳和氢两种元素组成的有机化合物，又称烃。碳氢化合物可与氯气、溴蒸气、氧气等反应生成烃的衍生物。

卤素化合物是指含有卤族元素且呈负氧化数的化合物，按组成卤化物的键型可分为离子型卤化物和共价型卤化物两种。

2.3.2 大气污染的形成及危害

（1）大气污染的形成 正常大气成分主要是 78% 的氮气、21% 的氧气、0.03% 左右的二氧化碳及其他气体。当其他不属于大气成分的气体或物质，如硫化物、氮氧化物、粉尘、有机物等进入大气之后，就形成了大气污染。大气中有害物质浓度越高，大气污染越重，危害越大。由于大气具有一定的稀释作用，所以当污染物进入大气后，首先被稀释扩散。风较大时，大气湍流作用增强，大气不稳定，污染物的稀释扩散变快。当风较小时，污染物的稀释扩散变慢。尤其在逆温条件下，污染物往往可达到很高浓度值，形成严重的大气污染事件。

大气污染通常发生在城市、工业区等局部地区，较短时间内大气污染物浓度显著增高，伤害人或动、植物。虽然通过高烟囱排放可降低污染物的近地面浓度，但也把污染物扩散到更高、更远的区域，造成离污染源较远区域的大气污染。

（2）大气污染的危害 大气污染可对人体、工农业和气候产生严重危害和影响，历史上发生了许多著名的大气污染事件，如表 2-4 所示。

表 2-4 历史上著名的大气污染事件

名称	时间	地点	发生原因	主要后果
马斯河谷事件	1930 年 12 月	比利时马斯河工业区	工厂排放有害气体在逆温条件下于近地层积累,使大气层 SO_2 浓度达 $25 \sim 100$ mg/m³	三天后开始发病,一周之内有 60 多人死亡,同时还有许多家禽死亡
多诺拉事件	1948 年	美国宾夕法尼亚州多诺拉镇	大气污染物在逆温作用下,于近地层积累,使大气层 SO_2 浓度达 $0.5 \sim 2.0$ mg/m³	发病 5911 人,占全镇人口 43%,死亡 17 人
伦敦烟雾事件	1952 年	英国伦敦市	伦敦市上空受反气旋影响,大量工厂生产和居民燃煤取暖排出的废气难以扩散,积聚在城市上空,尘埃浓度达 4.46 mg/m³,SO_2 浓度为 1.34 mg/m³	4 天中,该市死亡人数比以往同期多 4000 人
日本四日市事件	1955 年	日本	空气中的 SO_2 含量超过标准 5~6 倍,大气中烟雾厚达 500 m,有多种有毒有害气体和金属粉尘	很多人出现头疼、咽喉痛、眼睛疼等症状,呼吸系统疾病开始发生,并迅速蔓延,包括慢性支气管炎、哮喘、肺气肿等
东京光化学烟雾事件	1971 年	日本	汽车尾气排放量过大	受害者近万人
氮氧化物污染事故	1972 年 5 月	中国河北	某县炸药加工厂在粉碎硝酸铵结块时,机眼被硝酸铵块堵塞,一工人用烧红的铁钩去烫时引起硝酸铵着火	污染数公里,2150 余名救火军民发生急性氮氧化物中毒
印度博帕尔公害事件	1984 年 12 月	博帕尔市	"联合碳化公司农药厂"一座 45 t 异氰酸甲酯贮槽的保安阀出现毒气泄漏	造成了 6000 余人直接死亡,另外有 5 万多人永久残废。现在当地居民的患癌率及儿童夭折率,仍然因这场灾难而远高于其他印度城市
雅典"紧急状态"事件	1989 年 11 月	雅典	二氧化硫浓度超过国家标准浓度,一氧化碳浓度也突破危险线	许多市民出现头疼、乏力、呕吐、呼吸困难等中毒症状

大气污染的危害,具体如下:

① 危害人体健康。由于大气污染物质的来源、性质、浓度和持续时间不同,污染地区的气象条件、地理环境等因素的差异,人的年龄、健康状况的差别,对人体会产生不同程度的危害。大气污染对人的危害可分为急性中毒、慢性中毒和致癌作用三种。

a. 急性中毒。当大气中污染物浓度较低时，通常不会造成人体急性中毒，但某些特殊条件下，如工厂在生产过程中出现特殊事故，导致大量有害气体泄漏外排，引起人群的急性中毒。

b. 慢性中毒。当大气中污染物质浓度较低时，长时间连续作用于人体，导致人体患病率升高，这一现象被认为是大气污染对人体健康的慢性毒害作用。

c. 致癌作用。致癌作用是大气污染长期作用于人体的结果。由于污染物长期作用于人体，损害体内遗传物质，引起突变。如果生殖细胞发生突变，使后代机体出现各种异常，称为致畸作用。如果引起生物体细胞遗传物质和遗传信息发生突然改变，称为致突变作用。诱发肿瘤的作用被称为致癌作用。由于长期接触环境中致癌因素而引起的肿瘤，称为环境肿瘤。

② 危害工、农业的生产。大气污染会对工、农业生产产生严重危害，进而影响经济发展，造成人力、物力和财力的大量损失。大气污染物，尤其是酸性污染物和二氧化硫、二氧化氮等腐蚀工业材料、设备和建筑设施等。此外，大气污染物飘尘还会影响精密仪器、设备的生产、安装调试和使用等。大气污染也会对农业生产造成很大危害，如大气污染导致的酸雨可直接影响植物的正常生长，还可侵入土壤及水体，引起土壤和水体酸化、有毒成分溶出，从而对动植物和水生生物产生毒害作用。

③ 对天气、气候的影响。大气污染物会显著影响天气和气候。大气颗粒物可使大气能见度降低，减少到达地表的太阳辐射。特别是在大型工业城市中，当烟雾不散时，日光照射比正常情况减少40%。大气污染对全球气候的影响逐渐引起人们关注。由于大气中二氧化碳浓度升高引发的温室效应加强，是对全球气候的最主要影响。

2.3.3　大气污染的防治措施

从大气污染的形成过程来看，大气污染防治要从污染源着手，减少污染物的排放量，从而保护大气环境。大气污染的防治途径主要包括以下几方面：

（1）采取各种措施，减少污染物的产生、排放　改革能源结构，采用无污染能源（如太阳能、风能、水力发电）、低污染能源（如天然气）和改进燃烧技术等方法均可以减少有害气体的排放量。此外，在污染物未进入大气之前，可采用污染物净化技术（如除尘技术、冷凝技术、液体吸收技术、回收处理技术）来消除废气中的部分污染物，可减少进入大气的污染物量。

（2）多种植绿色植物，增强植物净化能力　绿色植物可以过滤吸附大气颗粒物，吸收有毒有害气体，起到净化大气的作用，尤其是树林，绿化造林是防治大气污染的有效措施之一。绿色植物通过光合作用，吸收二氧化碳放出氧气。因此，多种植绿色植物，恢复和扩大森林面积，可降低大气中二氧化碳含量，从而减弱温室效应。

（3）实行大气污染物总量控制　大气污染物总量控制是一种行政手段，通过区域协调和统筹分配允许排放量，将排入特定区域的污染物总量控制在一定的范围之内，以实现预定的环境目标。通过经济杠杆作用，来控制污染物的排放总量，如对排放大气污染物的单位征收排污费。对于超标排放大气污染物的单位，按照《中华人民共和国大气污染防治法》的规定予以处罚。向大气排放污染物超过国家和地方排放标准的，应当限期治理，并由所在地县级以上地方人民政府环境保护行政主管部门处一万元以上十万元以下罚款。

（4）做好城市总体规划，合理工业布局，加强大气环境管理　城市规划需要确定城市的布局和结构，城市布局要合理，工业区要布置在城市的下风向，工业区和居民区、商业区要分开，其间尽可能留出一些空地，建成绿化带以减轻污染危害。此外，合理调整工业布局是防治大气污染的一项基本措施，对于城市的工业布局，应充分考虑工业结构和工业项目位置的选择，还应按照不同的环境要求，如人口密度、能源消费密度、气象、地形等条件，安排布置工业发展。如对于风速比较小、静风频率较高、扩散条件较差的地区，不宜发展有害气体和烟尘排放量大的重污染型工业，在城市、风景区、自然保护区等敏感地区的主导风向、上风向不应建设重污染型工业。

加强大气环境管理就是运用法律、行政、经济、技术、教育等手段，通过全面规划，解决大气污染问题。法律手段是环境管理的最基本手段，是其他手段的保障和支撑，具有强制性、权威性、规范性、共同性和持续性等特征。我国环境保护法律包括宪法、环境保护基本法、环境保护单行法、环境保护行政法规和部门规章、环境标准等。

2.4　森林锐减

森林锐减是指由于人类过度采伐森林或自然灾害导致的森林大量减少的现象。

2.4.1　森林的功能

森林是指地球上长满树的区域。森林作为地球上可再生自然资源及陆地生态系统的主体，在人类生存和发展过程中具有不可替代的作用。如森林给人类生活提供了食物、燃料、木料、药材和其他物质等。人类文明的起源与森林密不可分，人类制造工具、房屋、木船等的原料都来自森林。森林作为一种"调节剂"，在诸多方面影响人类的生存环境，关乎着人类安危。

森林是陆地生态系统的主体，也是陆地上最庞大、最复杂、多物种、多功能与多效益的生态系统。这一生态系统的全部活动与表现过程，对周围环境产生不同程度的影响。森林与自然生态系统之间不断进行物质、能量、信息等的循环和流动。森林又被称为"地球之肺"，原因在于森林大量地吸收二氧化碳，产生人类和其他生物呼吸所需的氧气。此外，森林还有过滤粉尘、储蓄水和调节气候等作用。

具体来说，森林的主要功能包括：

（1）防风固沙，改良土壤　森林浓密的林冠具有很强的透风"弹性"，能有效降低风的动能，把灾害性的大风变成无害的小风。森林植被根群纵横交错，可固定流沙和土壤。另外，树木的残根落叶可作为土壤中的有机肥料，改良土壤质量。借助森林林冠的庇护作用，土壤中水分的蒸发量减少，抑制土壤盐分上升，从而减弱土壤盐碱化程度。

（2）涵养水源，保持水土　降水通过林冠截留、枯枝落叶层吸收以及疏松林地表层的渗透，改变水量的分配比率和汇流历时，可使较大程度的地表径流变为缓缓入河的地下径流，减少了土壤中营养物质的流失，间接调节河流的洪、枯水量，增强抵抗旱、涝灾害的能力。

（3）调节气候，防冻防灼　树叶的水分蒸腾可增加空气湿度，促进水分循环，有利于降水。由于蒸腾作用需吸收热量，因此降低了森林地区的气温。在夜间，森林的林冠还可阻挡地面热量的扩散和辐射，从而缩小昼夜间温度差，预防或减轻霜冻和日灼的危害。森林还具有调节气候的作用，在干旱地区，森林调节气候的作用尤为显著。

（4）净化大气，保护环境　林木通过光合作用吸收空气中的二氧化碳，释放氧气，增加空气中的游离氧离子浓度。此外，枝叶还可吸附空气中的粉尘和飘尘等气态污染物，对油烟、炭粒、铅汞等金属微粒物也具有吸附作用。某些树种还能吸收空气中的有毒气体和致癌物质，具有强烈的吸毒作用。不少树种还能分泌植物杀菌素，不同程度地杀死空气中的细菌。因此，树木是名副其实的"空气净化器"。

2.4.2　森林锐减的原因

森林面积减少受诸多因素的影响，如人类活动、人口数量增加、地域环境和森林火灾等。森林锐减在世界许多国家频繁发生，见表2-5。

表2-5　各国发生的森林锐减事件

地点	发生原因	造成现象
亚马逊雨林	烧荒耕作、过度采伐、过度放牧和森林火灾	1969~1975年，巴西中西部和亚马逊地区的森林被毁掉了11万多平方公里，巴西的森林面积同400年前相比，整整减少了一半，生态遭到了严重破坏
中国黄土高原	自秦汉以来黄土高原经历了三次滥伐滥垦	生态环境遭到破坏，水土严重流失，土地沙化，形成了黄土高原
中国河南汝南宿鸭湖	监管不力，大片森林被乱砍滥伐	宿鸭湖西、北两岸10万亩林地被砍伐殆尽，剩下的已不足6万亩，大量湿地被开垦成麦田，生态破坏严重
南美哥伦比亚	在近150年间砍伐了1500万公顷的森林	导致200万公顷土地变成荒漠
孟加拉国	对森林的大量砍伐	洪水灾害由历史上的50年一次上升到二十世纪七八十年代的每4年一次
泰国东北地区	乱砍滥伐、农耕、放牧	1961年森林覆盖率为42%，到1982年森林覆盖率仅剩下15%
菲律宾的吕宋岛	人类活动	在1898年时森林覆盖率达到70%，到1968年森林覆盖率为55.5%，随后，森林面积还在急剧减少，到1981年调查时减为40.8%，这时原始林仅占森林面积的12%
印度	为满足耕地需求，森林遭到破坏	森林覆盖率骤减，降水量减少了30%
朝鲜	山地开垦成耕地、滥伐林木	近20年里朝鲜的森林面积大幅度减少，每年消失12.7万公顷

导致森林面积减少最主要的因素是人为砍伐森林、生产木材及副产品。森林面积锐减已成为一个国际性难题。导致森林锐减的另一个重要因素是非法砍伐。森林锐减的主要原因具体包括：

（1）人为砍伐森林　欧洲、北美洲等地在工业化过程中，其1/3温带森林被砍伐掉。据联合国粮农组织2002年报告，全球4大木材生产国（俄罗斯、巴西、印度尼西亚和刚果民主共和国）所生产的木材有相当比重来自人为非法砍伐森林。1998年全球平均每年损失森林995万公顷，等于一个韩国的面积。原来森林占世界绿地的1/3，现在只有1/10了。近20年每年砍伐森林2000多万公顷，欧洲的原始森林几乎完全消失。

（2）开垦林地　为了满足人口增长对粮食的需求，发展中国家开垦大量林地作为耕地，尤其是非法烧荒耕作，对森林造成严重破坏。据统计，热带地区半数以上的森林采伐是烧荒开垦造成的。随着人口数量的增长，新开垦林地的面积逐渐增加，无疑加剧了林地的土壤侵蚀，严重损害了森林植被再生和恢复能力。

（3）制作薪材、燃料　全世界每年有1亿多立方米的林木从热带森林中运出用作薪材和燃料。随着人口的增长，对薪材和燃料的需求量也逐步增加，林木采伐的压力越来越大。

（4）大气污染　在欧洲和美洲的多数国家，空气污染对森林退化产生明显影响。1994年欧洲委员会的调查表明，由于空气污染等原因，欧洲大陆26.4%的森林存在中等或严重程度的落叶问题。空气污染导致的酸雨对森林减少起了一定的作用。由于酸雨，1983年德国原有的740万公顷森林有34%染上枯死病，每年树木的死亡率占新生率的21%，原来生机勃勃的繁荣景象一去不复返。

2.4.3　森林锐减的危害

森林是陆地生态系统的主体，对维持陆地生态系统平衡具有决定性作用。然而，一个世纪以来，人类对森林的破坏速度十分惊人。人类文明初期地球陆地的2/3被森林所覆盖，约为76亿公顷，到19世纪中期减少至56亿公顷，20世纪末期锐减到34.4亿公顷。由于森林被大面积毁灭，对人类的生存和发展产生严重危害。森林锐减导致的危害主要包括：

（1）水土大量流失　水土流失是森林破坏导致的最直接、最严重的后果之一。

在自然力作用下，形成1 cm厚土壤大约需100～400年，在降雨量340 mm的条件下，每公顷林地的土壤冲刷量仅为60 kg，而裸地则达到6750 kg，流失量超过林地的110倍。此外，当地表上存在10 mm厚的枯枝落叶层时，可以将地表径流减少至裸地的25%以下，泥沙量减少至7%以下。林地土壤的渗透力更强，一般为250 mm/h，超过一般降水强度。由于全球森林严重破坏，水土流失日益加剧。此外，大规模森林砍伐也会导致土壤中的营养物质（如氮、磷、钾等）的流失，使肥沃的表层土变薄，农作物产量下降，以及加剧土地沙化、滑坡和泥石流等自然灾害。

（2）增加二氧化碳排放量　森林对调节大气中二氧化碳含量具有重要作用。据联合国粮农组织估计，由于砍伐热带森林，每年向大气中释放1.5×10^9 t以上的二氧化碳。森林通过光合作用吸收二氧化碳并产生氧气，每公顷森林平均每吸收16 t二氧化碳，可释放出12 t氧气。森林砍伐减少了森林吸收二氧化碳的能力，把原本储藏在生物体及周围土壤中的碳释放了出来，导致二氧化碳排放量的增加。

（3）减少水源涵养，加剧洪涝、干旱自然灾害　森林破坏降低了土壤的水源涵养能力，使土壤受侵蚀，造成河、湖底部淤积沉泥。我国黄河每年有4亿吨泥沙沉积在下游河道，使河床每年升高10 cm，现在下游的许多地段河床高出地面3～6 cm，甚至达12 cm。森林具有较强的截留降水、调节径流和减轻涝灾的功能，这是由于森林凭借庞大的林冠、深厚的枯枝落叶层和发达的根系，能够很好地调节降水。因此，森林破坏会导致洪水大面积泛滥，加剧了洪涝的影响和危害。森林破坏必然导致无雨则旱和有雨则涝的自然灾害。我国山西省民间有一个说法：山上多栽树，等于修水库，雨时能蓄水，旱时它能吐。森林的防洪作用主要表现截留、蓄存雨水和防止江、河、湖、库淤积两方面，这两个作用削弱后，一遇暴雨必将导致洪水泛滥。

此外，森林的破坏还会导致干旱自然灾害发生。森林被誉为"绿色的海洋""绿色水库"。每公顷森林可蓄水约1000 m³，l万公顷森林的蓄水量即相当于10^7 m³库容的水库。1980年日本林业白皮书说，日本森林土壤中的储水量估计达到2.3×10^{11} m³，相当于面积675 km²的琵琶湖水量的8倍。美国前副总统戈尔在《濒危失衡的地球》一书中写道，埃塞俄比亚过去40年间，林地所占面积由40%

下降到 1%，降雨量大幅度下降，出现了长期的干旱、饥荒。20 世纪 80 年代，非洲发生了严重大旱，30 多个国家面临大饥荒，每天都有数以千计的人死于饥饿。由于森林锐减及水污染，造成了全球性的严重水荒。目前，60% 的大陆面积淡水资源不足，100 多个国家严重缺水，其中缺水十分严重的国家达 40 多个，20 多亿人饮用水紧缺。半个多世纪以前，鲁迅先生讲过："林木伐尽，水泽湮枯，将来的一滴水，将和血液等价。"

（4）导致物种灭绝和生物多样性减少　森林生态系统是陆地生物物种最为丰富的地区之一。由于森林破坏，世界范围内数千种动植物物种面临灭绝的危险。地球上的生物物种，一半以上栖息繁衍于森林中。如果一片森林面积减少 10%，能继续在森林中生存的物种就将减少 50%。此外，森林破坏导致物种的灭绝速度加快，其灭绝速度是自然条件下灭绝速度的 1000 倍。在 1990～2000 年期间，每年由于森林砍伐可能失去 1.5 万～5 万个生物物种。

（5）产生气候异常　如果没有森林，水从地表的蒸发量将显著增加，引起地表热平衡和对流层内热分布的变化，地表气温将上升，降雨时空分布相应发生变化，由此导致气候异常，造成局部地区的气候恶化，如降雨减少，风沙增加等自然灾害。

2.4.4　保护森林的国际行动

20 世纪 80 年代以后，保护森林，尤其是热带雨林成为国际社会高度关注的一个问题。1985 年，联合国粮农组织（FAO）制定了热带森林行动计划。1992 年，联合国环境与发展大会通过了《关于森林问题的原则声明》。目前，越来越多的国家认识到了森林在维护生物多样性和气候稳定方面的重要作用，在建立可持续森林管理的标准和指标，实施控制森林滥伐的综合政策措施等问题上，达成了国际共识。保护森林的一个重要行动领域是推动森林的可持续管理。1990 年，国际热带木材组织第一个制定了热带森林可持续管理标准和指南。

控制森林破坏的另外一个国际行动领域是限制木材的国际贸易。《濒危野生动植物物种国际贸易公约》将一些有重要商业价值的木材列入了控制清单。《国际热带木材协定》也涉及木材的国际贸易。一些国际性非政府组织，如森林管理委员会（FSC），也制定了森林可持续管理原则和标准，监督森林产品的贸易。

由于发展中国家大量砍伐林木用于出口，对森林锐减影响最大的是热带雨林减少。因此，1985年FAO制定的热带森林行动计划《TFAP》对当今热带森林保护和再生具有重大意义，它是与热带森林有密切关系的各国及国际组织实施的热带森林保护、再生和适当利用的行动计划，要求各国检讨和制定森林规划和加强林区发展机构之间的合作，并要求向恢复森林改进农业和土地利用规划等重要森林管理项目投资80亿美元。现有86个国家正在依此制定本国的热带森林行动计划。联合国环境与发展大会通过了《关于森林问题的原则声明》和《21世纪议程》，表明了世界各国认识到森林可持续发展对整个环境的重要性，一致认为应该为森林保护和可持续发展做出贡献。《21世纪议程》的发表是缓解森林锐减具体的行动计划。

2.5　土地荒漠化

所谓土地荒漠化是指由于自然因素和人类活动的影响，破坏了干旱、半干旱地区的生态系统，导致非沙漠地区出现了类似沙漠环境的现象。

2.5.1　土地荒漠化的含义

1992年6月3~14日，联合国环境与发展大会在巴西里约热内卢国际会议中心召开。在这次会议上，把防治荒漠化列为国际社会优先发展和采取行动的领域，并于1993年开始了《联合国关于发生严重干旱和/或荒漠化国家（特别是非洲）防治荒漠化公约》的政府间谈判，1994年6月17日该公约在巴黎通过。在该公约中，荒漠化定义为：包括气候变异和人类活动在内的种种因素造成的干旱、半干旱和亚湿润干旱地区的土地退化。也就是说，荒漠化是由于大风吹蚀、流水侵蚀、土壤盐渍化等造成的土壤生产力下降或丧失的现象。该定义明确了三个问题：

问题1："荒漠化"是在包括气候变异和人类活动在内的多种因素的作用下产生和发展的。

问题2：荒漠化发生在干旱、半干旱及亚湿润干旱区（指年降水量与可能蒸散量之比在0.05~0.65之间的地区，但不包括极区和副极区），给出了荒漠化产生的背景条件和分布范围。

问题3：荒漠化是发生在干旱、半干旱及亚湿润干旱区的土地退化，将荒漠化置于宽广的全球土地退化的框架内，从而界定了其区域范围。

1994年12月联合国大会通过决议，1995年起，每年的6月17日定为"全球防治荒漠化和干旱日"。1996年6月17日第2个全球防治荒漠化和干旱日，联合国防治荒漠化公约秘书处发表公报指出，当前世界荒漠化现象仍在加剧。全球现有12亿多人受到荒漠化的直接威胁，其中有1.35亿人在短期内有失去土地的危险。荒漠化已经不再是一个单纯的生态环境问题，已演变为经济问题和社会问题，它给人类带来贫困和社会不稳定。世界受荒漠化影响的国家有100多个，尽管各国人民都在进行着同荒漠化的抗争，但荒漠化却以每年5万～7万平方公里的速度扩大，相当于爱尔兰的国土面积。到20世纪末，在人类诸多的环境问题中，荒漠化是最为严重的灾难之一。

2008年6月17日，时任联合国秘书长潘基文向全世界发出倡议："让我们重申对扭转土地退化和荒漠化现象的承诺；让我们确保去年在马德里通过的十年期战略得到充分支持和实施；在今天这一防治荒漠化和干旱世界日，让我们再次投身于这一使命。"联合国呼吁，同心协力处理荒漠化和气候变化问题，采用综合办法来实现可持续发展，让所有人受益。

2.5.2　土地荒漠化的原因

目前，全世界受荒漠化影响的土地有3800多万平方公里，每年新增约600万公顷荒漠化土地，全球许多国家都遭受过土地荒漠化的危害，见表2-6。

表2-6　全球发生的土地荒漠化事件

地点	发生原因	主要现象
中东地区	中东地区由于受副热带高压的控制，降水少，沙漠广布	荒漠化严重，导致粮食问题严重，同时还造成了沙尘暴等其他一些问题
中国甘肃民勤	长期以来，石羊河上游祁连山水源涵养能力降低、地表水锐减，荒漠边缘曾以每年3～4 m的速度向绿洲腹地推进	该地区沙漠戈壁、盐碱滩等占全县土地总面积的94%，绿洲面积仅为6%；农民们种的粮食经常被风沙吹倒，有时几乎颗粒无收
中国宁夏	被腾格里沙漠、乌兰布和沙漠和毛乌素沙地包围，是我国土地沙化最为严重的地区之一	荒漠化土地面积占全区总面积的57.2%，沙化土地占全区总面积的22.8%
中国内蒙古	大片天然草原曾被过度开垦	生态平衡遭到了破坏，沙尘暴、水土流失、土地荒漠化严重

地点	发生原因	主要现象
蒙古国	森林覆盖率大幅度减少	72%以上的土地遭受了不同程度荒漠化，而且荒漠化土地面积正以惊人的速度在全国范围内扩展，境内戈壁地带一年中发生的沙尘暴次数明显增多
中国三江源地区	20世纪90年代以来，由于气候变暖、超载放牧、鼠虫害肆虐等，三江源地区出现荒漠化趋势	沙化面积占三江源总面积的15.1%
中国巴州	干旱少雨、气候干燥、植被稀少，一些不法分子肆意盗挖中草药材，沙漠植物逐年减少	每年有上百亩土地面临沙化
非洲	乱砍滥伐	卡拉哈里沙漠区域不断扩大，造成农林牧业损失严重
青藏高原	植被退化	荒漠化土地达到了50多万平方公里，占青藏高原地区总面积的19.5%，生态环境恶化加剧

荒漠化问题已引起全世界关注，引起土地荒漠化的原因主要包括自然因素、气候因素和人类不合理的生产活动三种。

（1）**自然因素**　自然地理条件和气候变化为荒漠化形成创造条件，但过程缓慢。当气候条件异常时，尤其是干旱条件，易造成植被退化，风蚀加快，引起荒漠化。由于干旱本身是形成荒漠化的潜在威胁，因此气候条件干旱在很大程度上决定了脆弱的生态环境。当气候干燥时，荒漠化就可能加剧，当气候变湿润时，荒漠化呈现好转趋势。因此，全球变暖，北半球日益严重的干旱、半干旱化趋势等气候异常条件加剧脆弱生态环境的系统失衡，是导致荒漠化的主要自然因素。

（2）**气候因素**　赤道地区的上升气流在高空向南、北两极方向流动，由于受地球自转时产生的旋转偏向力的影响，在南北纬30°附近，大部分空气停滞，积聚在高空，并冷却下沉，导致近地面气层常年保持高气压，称之为"副热带高压带"。这一地区气候干燥，云雨少见，成为主要的沙漠分布区。

（3）**人类不合理的生产活动**　土地荒漠化的形成是一个复杂过程，它是人类不合理经济活动和脆弱生态环境相互作用的结果。人口增长和经济发展使土地承载力过大，并且人类的过度开垦、过度放牧、乱砍滥伐和资源不合理利用等均导致土地严重退化，森林被毁，气候逐渐干燥，最终形成荒漠化。因此，人类不合理的生产活动加速了土地荒漠化的进程，是土地荒漠化的主要原因。

2.5.3　土地荒漠化的危害

土地荒漠化是一个渐进的过程，但其产生的危害是持久的、深远的，且难以恢复，严重影响当代人及后代人的生产、生活。我国每年因土地荒漠化造成的直接经济损失约为540亿元，影响近4亿人的生存、生产和生活。土地荒漠化不仅使生态环境恶化，减弱土地生产能力，威胁水资源安全，而且还加剧生活在荒漠化地区居民的贫困程度。土地荒漠化危害主要表现为以下三方面：

（1）减少可利用土地资源　20世纪50年代以来，我国有6.39万平方公里林地、2.35万平方公里草地和0.67万平方公里耕地变成了沙地。内蒙古自治区乌兰察布市后山地区、阿拉善地区，新疆维吾尔自治区塔里木河下游，青海省柴达木盆地，河北省坝上地区和西藏自治区那曲地区等，荒漠化使环境恶化和土地生产力严重衰退，危及荒漠化区域人民的生存发展，加重了贫困程度，成千上万的牧民被迫迁往他乡，成为"生态难民"。我国荒漠化的土地每年以3436 km²的速度增加，全国受沙漠化影响的人口达1.7亿。

（2）土地生产能力严重衰退　由于风蚀会造成土壤中有机质和细粒物质的流失，导致土壤粗化，肥力下降，因此，土壤风蚀是荒漠化的首要环节。在内蒙古毛乌素沙地，每年土壤被吹蚀5～7 cm，每平方公里土地损失有机质77 kg，氮素3.87 kg，磷素5.49 kg，粒径小于0.01 mm的物理黏粒390 kg。荒漠化导致全国每年损失土壤有机质及氮、磷、钾等达5590万吨，折合化肥2.7亿吨。

荒漠化对农业的危害特别大。在荒漠化地区，往往是种子和肥料被吹走，幼苗被连根拔出，土壤水分散失，禾苗被吹干致死或被掩埋。荒漠化引起草场退化，使适于牲畜食用的优势草种逐渐减少，甚至完全丧失，牧草变得低矮、稀疏，产量明显降低，载畜能力大幅下降。荒漠化造成河流、水库、水渠堵塞。黄河年均输沙16亿吨，其中就有12亿吨来自荒漠化地区。全国每年有5万多公里的灌渠常年受风沙危害。荒漠化在一些地区造成铁路路基、桥梁、涵洞损坏，使公路路基、路面积沙，迫使公路交通中断，甚至使公路废弃。荒漠化导致的沙尘天气，影响飞机正常起飞和降落。

（3）加剧自然灾害　土地荒漠化起因于植被的缺少和气候的恶化。植被具有保持水土和涵养水源的作用，因此土地荒漠化必然加剧生态环境系统的不稳定性。随着土地荒漠化的加速发展，突发性风沙灾害——强沙尘暴的发生频率愈来愈高。据统计，我国北方20世纪50年代共发生大范围强沙尘暴灾害5次，60年代8次，70年代13次，80年代14次，90年代23次。特别是2000年春季，北京地区遭受12次沙尘暴袭击，沙尘暴出现时间之早、发生频率之高、影响范围之广、强度之大实属罕见。不仅危害北京的经济活动，污染环境，使首都的形象受损，而且殃及天津、上海、南京等地。

2.5.4 土地荒漠化的治理

虽然荒漠化起因于植被的破坏产生的土壤风蚀，但其治理却不能仅仅限于种树种草，而是从经济学、生态学和荒漠学相结合的角度出发，以经济效益、生态效益和社会效益统一为目标，建立既可防止土地荒漠化，又可促进生产发展的资源节约型和环境保护型的经济体系。土地荒漠化的治理主要包括：

（1）设置沙障 设置的沙障主要有草方格沙障、黏土沙障和篱笆沙障等。草方格沙障使用麦草、稻草、芦苇等材料，在流动沙丘上扎成挡风墙，以削弱风力的侵蚀，同时有截留降雨的作用，能提高沙层的含水量，有利于沙生植物的生长。黏土沙障是将黏土在沙丘上堆成高20~30 m的土埂，间距1~2 m，走向与风向垂直。黏土固沙施工简单，固沙效果较好，且具有良好的保水能力，但需要大量的黏土。

（2）利用废塑料治理沙漠 该方法是将废塑料作为固沙胶结材料，在种植的植物周围的沙表面喷洒一层固沙胶结材料，形成黏性固沙层。固沙层为柔性，很难开裂，且固沙层由固沙胶结材料与表层沙紧密黏结，重量较大，大风也很难将其刮起。该方法具有固沙和保持水土双重作用。

（3）保护、恢复与重建荒漠生态系统 土地荒漠化形成与扩张的根本原因在于人为对荒漠生态系统过度破坏。荒漠生态系统包括沙漠、戈壁系统，干旱、半干旱地区的草原系统、森林系统和湿地系统等。当荒漠生态系统遭到破坏时，该生态系统中的水资源、生物资源和土地资源内部固有的稳定与平衡失调。以往，我们一面植树种草，通过生物措施和工程措施防治荒漠化，而另一面却破坏荒漠生态系统，制造新的荒漠化土地。事实上，正是由于荒漠生态系统的破坏，尽管我们营造了"三北"（西北、华北和东北）防护林，实施防沙治沙工程，却未能遏制荒漠化的扩张。近半个世纪来,沙尘暴频繁的真正原因是天然植被破坏过甚,而非人工植被种植太少。

(4)严格控制环境的人口容量,退耕与"退人"结合起来　环境对人口的容量是制定社会发展计划的基础。我国西部地区"地广人稀"只是一种表面现象。由于环境容量十分有限,许多地区的人口已经超饱和。如新疆160万平方公里土地,可供人类生存繁衍的绿洲仅占4.5%,目前农区人口密度为200～400人/km^2,同东部沿海省份的人口密度已不相上下。20世纪80年代,塔克拉玛干沙漠周缘地区人口达到513万,人口密度为8人/km^2,超过联合国制定的沙漠地区人口密度临界指标7人/km^{2}的标准。青藏高原河谷地区合理的人口密度是不超过20人/km^2,而今却达到90人/km^2,大大超出土地承载力。

退耕还林还草工作要与"退人"结合起来,在生存条件恶劣的地区,逐步将超过环境容量的人口迁移出来,转移到小城镇,以便从根本上解决退耕后反复的问题和"靠山吃山"、继续破坏植被的问题,给大自然以喘息之机,恢复元气。同时,发展具有一定规模效应的小城镇,吸纳农村剩余劳动力,转移农业富余人口,也可以带动多种产业的发展,增加群众收入,缓和西部人口压力与土地承载力之间的矛盾。

(5)种植植物治理　沙漠植物治理是指在沙漠地区播种沙生植物,以阻止沙漠扩张,并改善沙漠土地。沙生植物具有水分蒸腾少,机械组织、输导组织发达等特点,可抵抗狂风袭击,并尽快将水分和养料输送到亟需的器官,其细胞内经常保持较高的渗透压,具有很强的持续吸水能力,使植物不易失水,能够适应干旱少雨的环境。

2.6　水体污染

所谓水体污染是指排入水体的污染物质超过水体的自净能力,使水的物理、化学性质和生物群落组成发生变化,导致水体恶化,从而降低或减弱水体的使用价值。

2.6.1　水体污染的含义

水体是河流、湖泊、海洋、地表水、地下水和冰川等的总称,是被水覆盖地域的自然综合体。水体不仅包含水，而且还包含水中悬浮物、溶解物质、底泥和水生生物等。水体和水是两个密切联系，且又有明显区别的概念。水由于其比热容、蒸发热、冰冻溶解度大，所以水环境下的水温变化较小。4℃条件下，水的密度最大（$\rho = 1 \, kg/m^3$），所以水面以下不易结冰，这样便于水中营养物质的传递。此外，由于水的浮力较大，可使水生动、植物生存于水中。在太阳和地球引力的驱动下，水通过气态、液态和固态进行转换循环，在水圈、大气圈和生物圈之间进行物质循环和能量流动，从而形成丰富多彩的自然生态系统。但是，人类活动使得大量的污染物质排入水体，这些污染物质使水体的物理、化学性质或生物群落组成发生变化，从而降低了水体的使用价值，这种现象被称为水体污染。近年来，由于工业化的迅速发展，人类在生物圈中的活动日益加剧，导致水体污染日益加剧。表2-7给出了20世纪以来，全球著名的水污染事件。

表2-7　20世纪以来全球严重的水污染事件

名称	时间	地点	发生原因	主要后果
水俣病事件	1953~1956年	日本熊本县水俣市	甲基汞废水污染水域后，鱼中毒，人食鱼后受害	当时283人中毒，60人死亡，到1987年，受害2842人，死亡946人
痛痛病事件	1955~1972年	日本富士山县	铅锌冶炼厂排放含镉废水引起稻谷、饮水污染	三年中受害130人，其中80人死亡
莱茵河污染事件	1986年11月1日	瑞士巴塞尔市	桑多兹化工厂一仓库爆炸，30多吨有毒化学品随灭火液体流入莱茵河	大量鱼类、水鸭死亡，德国、芬兰等国深受其害
河南"癌症村"	20世纪80年代	中国河南浚县北老关嘴村	邻县先后建了很多造纸厂，排放的工业废水不达标，导致卫河严重污染	两岸很多居民患上肠癌、食管癌、肝癌、胃癌等病，北老关嘴村情况尤为严重，已有近百人患癌症陆续死亡
金矿事件	2000年	罗马尼亚边境城镇奥拉迪亚	金矿泄漏出的氰化物废水流到南联盟境内	毒水流经之处，所有生物在极短时间内暴死
四川青衣江水污染事件	2004年	中国四川	一些造纸企业偷排大量工业废水	青衣江水面出现大量白色泡沫，散发冲鼻碱味
龙川江楚雄段水污染事件	2004年	中国云南	硫酸厂、海源新业公司、滇东冶炼厂排放废水，引发严重镉污染事件	对龙川江严重污染，楚雄水文站、智民桥、黑井等断面总镉超标36.4倍
沱江特大水污染事故	2004年2月	中国	川化股份公司第二化肥厂将大量高浓度工业废水排入沱江	简阳、资中、内江三地百万群众饮水中断，50万公斤网箱鱼死亡，上千家企业、餐饮业被迫停产关门

续表

名称	时间	地点	发生原因	主要后果
松花江水污染事件	2005 年 11 月	中国	吉林石化公司双苯厂一车间发生爆炸，约 100 t 苯类物质流入松花江	江水严重污染，沿岸数百万居民生活受到影响
盐城市自来水污染事件	2009 年 2 月	中国江苏	一家化工厂偷偷将 30 t 危险液体废物高浓度含酚钾盐废水排入厂区外河沟	自来水严重污染，恶臭
汀江重大水污染事故	2010 年 7 月	中国	紫金山金铜矿湿法厂先后两次发生含铜酸性溶液渗漏，9100 m^3 污水顺着排洪涵洞流入汀江	汀江水污染严重，直接经济损失达 3000 多万元
贺江水污染事件	2013 年 7 月	中国广西	许多选矿作坊废水未经处理直接排放，水中镉超标 1.9 倍，铊超标 2.1 倍	鱼类大量死亡

2.6.2　水体污染源和污染物的分类

（1）水体污染源及其分类　水体污染源是造成水环境污染的污染物发生源，包括向水环境排放污染物或对水环境产生有害影响的设备、装置和场所。水体污染源可分为自然污染源和人为污染源两类。自然污染源是指自然界本身产生的有害物质或造成有害影响的活动。人为污染源是由于人类活动产生的污染水环境的污染物。人为污染源包括工业污染源、生活污染源和农业污染源三类。

① 工业污染源。各种工业生产过程中产生的废水和废物排入水体，会导致水体污染。由于各种工业生产过程中，采用的原材料、工艺和技术不同，因此生产过程中产生的废水成分差异较大。有色冶金工业产生的废水，多含汞、砷、锡、铬等元素，是水中重金属污染物的主要来源。轻工业的加工原料多为农副产品，因此该类废水水质的主要特点为有机物浓度高、高温和高色度等。化工废水成分也较复杂，含有氰、酚、砷和汞等多种有害、有毒，甚至剧毒物质。这些污染物质可通过食物链在生物体内富集，难以降解。此外，化工废水还具有强酸和强碱的特性，pH 值变化较大。这些废水对生态系统、人体健康、农作物生长都具有危害。而废水中含有的较高浓度的氮、磷等生物营养物质，还会导致水体富营养化现象，使水体水质变差。总之，工业废水是水体污染的主要来源，具有数量大、面积广、水质成分复杂、毒性大、不易净化和难处理等特点。

② 生活污染源。产生生活污水的污染源称为生活污染源。生活污水是指在日

常生活中产生的污水，如洗衣水、洗澡水、厕所粪尿冲洗水、厨房废水等。生活污水中含有大量有机物，如纤维素、淀粉、糖类、脂肪、蛋白质等，也含有病原菌、病毒和寄生虫卵等微生物，还含有无机盐类的氯化物、硫酸盐、磷酸盐、碳酸氢盐和钠、钾、钙、镁等。生活污水的特点是氮（N）、磷（P）和硫（S）含量高，排入水体后，容易产生水体富营养化，对水生生物和人体健康都产生较大危害。

③ 农业污染源。农业污染源是农业生产活动过程产生的污染水体环境的有害物质的来源，主要包括化肥和农药的施用、土壤流失和农业废弃物等。过量施用化肥和农药，会破坏土壤结构和土壤生态系统，造成土壤污染。此外，降水形成的雨水径流和渗流会携带土壤中残存的农药、氮、磷等进入水体，引起水体富营养化，导致水体水质恶化等。

农村污水和灌溉用水也是水体污染的重要来源之一，它的水质特点是农药、化肥、有机物质、植物性营养元素及病原微生物含量高。农业污染源具有位置散、分布范围广、途径多、数量不确定、防治难度大等特点。

（2）水体污染物及分类 水体污染物是造成水体水质恶化和水中生物群落结构改变的有害物质总称。

① 从化学角度划分 依据化学角度，水体污染物被分为无机无毒物、无机有毒物、有机无毒物和有机有毒物四类。无机无毒物主要包括酸、碱、一般无机盐及氮、磷等植物营养物质。无机有毒物主要为重金属、砷、氰化物、氟化物等物质。有机无毒物包含碳水化合物、脂肪和蛋白质等。有机有毒物主要是指苯酚、多环芳烃（PAH）、多氯联苯（PCB）和有机氯农药等。

② 从环境科学角度划分。从环境科学角度划分，水体污染物可分为病原体、植物性营养物质、耗氧有机物、石油类污染物、重金属、有毒化学污染物、热污染和酸、碱及无机盐类等。

a. 病原体主要是指病毒、病菌和寄生虫等微生物。病原体的主要危害是传播疾病。病毒可引起病毒性肝炎和小儿麻痹等疾病。病菌可引起痢疾、伤寒、霍乱等疾病。寄生虫主要引起寄生虫病和血吸虫病等。

b. 植物性营养物质主要是指氮、磷等植物性营养元素，其主要来源于化肥施用、生活污水、食品工业和洗涤等产生的废水。水体富营养化是植物性营养物质污染水体的主要表现。水体富营养化是指在人类活动的影响下，氮、磷等营养物质大量进入湖泊、河口、海湾等缓流水体，引起藻类及其他浮游生物迅速繁殖，水体溶解氧量下降，水质恶化，鱼类及其他生物大量死亡、水资源遭到破坏的现象。

c. 耗氧有机物主要包括碳氢化合物、脂肪、蛋白质等还原性物质。这类物质通过水中微生物的呼吸作用，被氧化分解成二氧化碳和水，同时消耗水中大量的溶解氧。水体中其他还原性物质，如亚硝酸盐、亚硫酸盐、硫化物等，在发生氧化还原反应时，也需要消耗水中的溶解氧。

d. 石油类污染物是指在石油开采、炼制、储存、运输和使用过程中，由于泄漏或渗透而导致水体污染的物质。这类污染物的危害表现在油类可在水面形成油膜，阻隔氧气与水体的水－气传质，同时还会堵塞水生动物的呼吸器官，黏附在水生植物或浮游生物体表，导致水中动、植物由于缺氧而窒息、死亡。

e. 重金属主要是指对生物具有显著毒性的汞、镉、铅、铬等有害化学物质。重金属在水体中不能被生物降解，只能进行形态的转化、分散、迁移和富集等物理过程。重金属污染水体的特点是：第一，通过吸附沉淀作用，沉积在排污口附近的底泥中，成为水体长期的次生污染源；第二，可与水中各种无机配位体（如 Cl^-、SO_4^{2-}、OH^- 等）和有机配位体（如腐殖质等）生成金属络合物或螯合物，导致重金属的溶解度增大，从而使已进入底泥的重金属又重新释放出来；第三，重金属的毒性与其化合价态密切相关，而其价态又随 pH 值和化学反应还原条件的不同而转化。

f. 有毒化学污染物主要包括有机有毒物和无机有毒物两类，其中有机有毒化学污染物产生于生活污水和食品工业废水中所含的碳水化合物、蛋白质、脂肪等。此外，有机有毒化学污染物还包括人工合成的大量有机化学物质，如农药滴滴涕（DDT）、六六六、有机氯化物、醛、酮、酚、多氯联苯（PCB）、芳香族氨基化合物和染料等。这类物质在通过微生物氧化分解时，需消耗水中大量的溶解氧，导致水质变黑发臭，同时影响鱼类及其他水生生物的生存。无机有毒物是指非金属无机毒性物质（氰化物、砷等）、金属毒性物质（汞、铬、镉、铜、镍等）。当长期饮用无机有毒物污染的废水时，人体会发生急、慢性中毒或癌变，危害严重。

g. 工业生产或生活中排放的废热所造成的区域水环境污染称为热污染。核电站、火力发电厂和钢铁厂冷却系统排出的热水，以及化工、造纸、石油等工厂排出的废水均含有大量废热。当这些废热直接排入天然水体时，引起水温上升，导致水中溶解氧含量降低。此外，水体温度升高还会加剧某些有毒物质的毒性，引起鱼的死亡或水生生物种群的改变。

h. 酸、碱及无机盐类。产生水体污染的酸性废水主要来自工厂酸洗水、硫酸厂、酸法造纸等。酸雨也是区域水体酸化的原因之一。碱性废水主要来自炼油、制碱、化纤和造纸等工业。酸碱污染不但腐蚀水中的船舶和构筑物，同时还影响水生生物的生活条件。无机盐类物质会使水的硬度增加，影响水的用途，并增加处理费用等。

2.6.3　工业废水的含义、分类和特点

（1）工业废水的含义　工业废水是指工业生产过程中产生的废水、污水和废液。近年来，随着工业的迅速发展，工业废水的种类和数量迅速增加，对水体的污染也日趋广泛和严重，威胁人类的健康和安全。

（2）工业废水的分类　对于工业废水的分类，其依据不同，类别也不尽相同。

① 依据废水中含污染物的性质。依据工业废水中所含主要污染物的化学性质进行分类，可分为无机废水和有机废水两类。如电镀废水和矿物加工过程的废水含有大量的无机物，属于无机废水。食品或石油加工过程的废水含有大量的有机物，属于有机废水。

② 依据工业、企业的产品和加工对象。依据工业、企业的产品和加工对象来分，工业废水可分为冶金废水、造纸废水、炼焦煤气废水、金属酸洗废水、化学肥料废水、纺织印染废水、染料废水、制革废水、农药废水和电站废水等。

③ 依据废水中含污染物的主要成分。依据废水中所含污染物的主要成分来分，工业废水可分为酸性废水、碱性废水、含氰废水、含铬废水、含镉废水、含汞废水、含酚废水、含醛废水、含油废水、含硫废水、含有机磷废水和放射性废水等。

在第①、②种分类方法中没有涉及废水中所含污染物的主要成分，也不能说明废水的危害性。而第③种分类方法中，明确地指出废水中主要污染物的成分，能表明废水有一定的危害性。

（3）工业废水的特点　由于生产工艺和生产方式的不同，导致工业废水的水质和水量差异较大，这是工业废水的典型特点之一。如电镀和采矿废水主要含无机污染物，而造纸和食品等工业废水则有机物含量很高。即使生产工艺相同，生产过

程中水质也产生很大变化，如氧气顶吹转炉炼钢，同一炉钢的不同冶炼阶段，废水的pH值可在4~13之间，悬浮物可在250~25000 mg/L之间波动。

工业废水的另一个特点是废水中均含有多种与原材料相关的物质，且在废水中的存在形态各不相同。如氟在玻璃工业废水和电镀废水中一般呈氟化氢（HF）或氟离子（F⁻）形态，而在磷肥厂废水中是以四氟化硅（SiF_4）形态存在，这些特点增加了废水处理的难度。

2.6.4　生活污水的含义及特点

（1）生活污水的含义　生活污水是指人类生活过程中产生的污水。生活污水中含有大量有机物，如纤维素、淀粉、糖类、脂肪、蛋白质等，也常含有病原菌、病毒和寄生虫卵，以及无机盐类的氯化物、硫酸盐、磷酸盐、碳酸氢盐和钠、钾、钙、镁等。生活污水总的特点是含氮、硫和磷高，在厌氧条件下，易产生恶臭物质。城市每人每日排出的生活污水量约为150~400 L。

（2）生活污水的特点　生活污水具有如下特点：

① 病原菌种类多。水中的病原菌主要来自城市生活污水、医院污水、垃圾及地面径流等方面。病原微生物具有数量大、分布广、存活时间较长、繁殖速度快、易产生抗性和很难消灭等特点。传统的二级生化污水处理及加氯消毒后，某些病原微生物、病毒仍能大量存活，通过多种途径进入人体，在体内生存，引起人体多种疾病。

② 需氧有机物种类多。生活污水中的多种有机物进入水体后，通过微生物的生化作用，进而分解为无机物质、二氧化碳和水，在分解过程中消耗大量的溶解氧，在缺氧条件下，污染物就发生腐败分解、恶化水质。如果水体中需氧有机物越多，耗氧量越大，水质也越差，说明水体污染越严重。

③ 富含N和P水体富营养化元素。水体富营养化是一种由氮、磷等植物营养物质过量排入水体引起的水体污染现象。该污染可通过两种途径发生：一是正常情况下增加限定植物的无机营养物质的量；二是增加作为分解者的有机物的量。

④ 具有恶臭气味。恶臭是一种普遍的水体污染危害。恶臭对人体和生物的危害表现在：a.妨碍人体正常呼吸功能，使人消化功能减退，精神烦躁不安，判断力、记忆力降低。长期在恶臭环境中工作和生活还会造成嗅觉障碍，损伤中枢神经、大

脑皮层的兴奋和调节功能。b.某些水生生物被恶臭污染后，无法食用、出售。c.恶臭破坏了水体的使用价值。d. 恶臭水体还会产生硫化氢、甲醛等毒性气体，危害人和生物健康。

2.7　海洋污染

　　海洋是生命的摇篮、资源的宝库、风雨的故乡、大洲的通道，是人类第二生存空间。海洋作为地球上最大的水体，其面积占地球总面积的71%。人类在从海洋获取大量资源的过程中也给海洋带来了各种污染，导致海洋环境日益恶化。据估算，全球每年因海洋生态破坏造成的环境损失高达130亿美元，海洋污染通过食物链会对哺乳动物健康造成二次影响，包括食用海产品的人类，这成为地球难以承受之重。

　　海洋污染通常是指人类活动使得有害物质进入海洋生态系统，破坏海洋生态系统，损害生物资源，损坏海水质量和环境质量，并危害人类健康，妨碍捕鱼和人类在海上的其他活动的水体污染现象。

2.7.1　海洋污染的含义及特点

　　（1）海洋污染的含义　海洋由于面积辽阔，储水量大，是地球上最稳定的生态系统之一。由陆地流入海洋的各种物质被海洋接纳，而其本身却没有发生显著变化。近年来，随着世界工业的发展，海洋污染日趋加重，使局部海域环境发生了较大变化，并呈现继续扩展的趋势。表2-8列出了20世纪以来，全球发生的严重海洋污染事件。

表2-8　20世纪以来全球发生的严重海洋污染事件

名称	时间	地点	发生原因	主要后果
托里·卡尼号事件	1967年3月	英国马温特海湾	美国超级油轮托里·卡尼号触礁，6个油槽损坏，石油大量泄漏	螃蟹、海胆、鳌虾、鱼类陈尸海滩，50%～90%鲱鱼卵不能孵化，幼鱼濒临绝迹
卡迪斯号油轮事件	1978年3月	法国布列塔尼海岸	美国22万吨的超级油轮卡迪斯号，航行至法国布列塔尼海岸触礁沉没，漏出原油22.4万吨	15 km内大量海洋生物死亡

续表

名称	时间	地点	发生原因	主要后果
墨西哥湾井喷事件	1979 年 6 月	墨西哥	发生严重井喷原油泄漏	水体污染严重
英国北海油田漏油事件	1981 年	英国	英国北海油田海上钻井平台和一艘希腊油轮漏油	使斯堪的纳维亚半岛一带成为海洋生物的地狱，数十万只海鸟罹难
瓦尔迪兹号油轮事件	1989 年 3 月	美国	21 万吨级油轮瓦尔迪兹号在阿拉斯加的威廉王子海峡触礁，泄漏出 800 多万加仑原油	鱼类大量死亡，水产业受到很大损失，生态环境遭到巨大破坏
海湾战争油污染事件	1991 年 1 月	西亚中部波斯湾	海湾战争破坏了大批油井，使大量原油流入海中，形成油带长 96 km、宽 16 km	油井燃烧，每小时喷出 1900 t 二氧化硫等污染物，烟雾扩散到印度、俄罗斯和非洲部分地区，造成海湾地区及伊朗部分地区降黑雨
纳霍德卡号油轮事件	1997 年	俄罗斯	纳霍德卡号油轮在日本岛根县隐奇岛东北海域断为两截，原油形成数十条油带	对当地海产资源造成极大损害
埃里卡号油轮事件	1999 年 12 月	布列斯特	满载 2000 t 重油的埃里卡号油轮在布列斯特港以南 70 km 海域处沉没	严重污染了附近海域及沿岸一带，使法国西海岸 20 万只以上的海鸟死亡
西班牙海域油轮搁浅事件	2002 年 11 月	西班牙北部加利西亚省	威望号油轮在加利西亚省海域搁浅，船体破裂，3000 t 燃料油泄漏	形成一条 5 km 宽、37 km 长的污染带，海域严重污染

（2）海洋污染的特点　海洋污染严重影响海洋植物的光合作用，从而影响海洋的生产能力。此外，重金属和有毒化合物等可在海洋中累积，并通过海洋生物的富集作用，毒害海洋生物。例如，当石油泄漏时，在海面上形成油膜，阻止空气中的氧气溶解于海水中。同时石油分解也消耗水中大量的溶解氧，使海水缺氧，对海洋生物产生危害，并祸及海鸟和人类。好氧有机物污染引起的赤潮，造成海水缺氧，导致海洋生物死亡。海洋污染的总体特点是污染源多，持续性强，扩散范围广，危害大、防治难，具体如下：

①污染源多。人类在海洋的活动可以污染海洋，人类在陆地上的其他活动产生的污染物也可通过江、湖、河径流、大气扩散和雨雪等降水形式，最终都将汇入海洋，造成海洋污染。

②持续性强。海洋是地球上地势最低的区域，一旦污染物进入海洋，很难转移出去，不能溶解和不易分解的物质在海洋中越积越多，通过生物的浓缩作用和食

物链传递，对人类生存和生活造成潜在威胁。

③ 扩散范围广。在地球上，所有的海洋系统相互连通，当一片海域被污染了，往往会扩散到周围海域，甚至会波及全球其他海域。

④ 危害大、防治难。海洋污染往往需要较长时间的积累过程，不易及时发现。然而污染一旦形成，需要长期治理才能消除影响，且治理费用高，造成的危害大、影响面广，尤其是对人体和生物产生的毒害作用，难以彻底清除和治愈。

（3）海洋污染物 根据污染物的来源、性质和毒性，海洋污染物可分为以下几类：

① 石油及其产品类。这类污染物主要包括原油和从原油中分馏出来的溶剂油、汽油、煤油、柴油、润滑油、石蜡、沥青等，以及经过裂化、催化形成的各种产品。每年排入海洋的石油污染物约1000万吨，主要是海上油井管道泄漏、油轮事故、船舶排污等造成的。一些突发事故一次泄漏的石油量可达10万吨以上，当这种情况出现时，海水被大片油膜覆盖，海洋生物大量死亡，严重影响海产品的价值。在石油勘探、开发、炼制及运储过程中，意外事故或操作失误，可造成原油或油品外泄，污染海面或海滩。同时，形成的油膜还会阻止空气中氧气的进入，危害水生生物的生存。

② 金属和酸、碱类。这类污染物主要包括铬、锰、铁、铜、锌、银、镉、锑、汞、铅等金属，磷、砷等非金属，以及酸和碱等。它们直接危害海洋生物的生存和影响其利用价值。由人类活动而进入海洋的汞，每年达上万吨。全球污染海洋的镉的年产量约1.5万吨，其对海洋的污染量远大于汞。随着工农业的快速发展，通过各种途径进入海洋的某些重金属和非金属，以及酸碱等的量，呈增长趋势，加速海洋污染。

③ 农药。污染海洋的农药主要包括农业上大量使用含有汞、铜以及有机氯等成分的除草剂、灭虫剂，以及工业上应用的氯酸苯等。这一类农药具有很强的毒性，通过径流汇入海洋，对海洋生物有危害作用。此外，在海洋生物体的富集作用下，通过食物链进入人体，引起人类的多种致命疾病。

④ 工业废水和生活污水。这两类废水由径流带入海洋，首先大量的需氧有机物会消耗掉水体中的大量溶解氧，使水生生物由于缺氧而死亡，导致水体恶臭，影响水体的实用价值。此外，废水含有的大量植物性营养物质，会造成海水的富营养

化，使某些生物急剧繁殖，易形成赤潮，继而引起大批鱼、虾类的死亡。

⑤ 热污染和固体废物。热污染主要是指具有较高热量的工业废水，进入海洋，导致海洋水温升高的现象。在局部海域，如有比原正常水温高出4℃以上的热废水常年流入时，就会产生热污染，温度较高的废水流入海洋，提高了局部海区的水温，降低溶解氧含量，影响生物新陈代谢，改变生物群落。固体废物进入海洋后，可破坏海滨环境和海洋生物的栖息环境。全世界每年产生各类固体废弃物约百亿吨，若1%进入海洋，其量也达1亿吨，这些固体废弃物严重损害近岸海域的水生资源和破坏沿岸景观。

2.7.2　我国海洋污染的现状及防治对策

（1）我国海洋污染的现状　我国拥有18000多公里的大陆海岸线，沿海岛屿6500多个，海洋国土面积约300万平方公里，内水和领海面积也有38万平方公里。目前，海洋生态环境状况基本稳定，但近岸海域水环境质量差，局部海域污染严重，一、二类海水面积下降，而四类、劣四类海水面积上升。近岸海域水体富营养化严重，突发性环境污染事故频发，海洋生态遭到破坏，渔业资源衰退。

据《2022中国海洋生态环境状况公报》显示：①海水环境质量总体保持稳定。我国管辖海域符合第一类海水水质标准的海域面积占管辖海域面积的97.4%，同比下降0.3个百分点，管辖海域海水中主要超标指标为无机氮和活性磷酸盐。其中，渤海未达到第一类海水水质标准的海域面积为24650 km²，同比增加11800 km²，主要分布在辽东湾、渤海湾和莱州湾近岸海域；黄海未达到第一类海水水质标准的海域面积为13710 km²，同比增加4190 km²，主要分布在黄海北部和海州湾近岸海域；东海未达到第一类海水水质标准的海域面积为28940 km²，同比减少7030 km²，主要分布在长江口和杭州湾近岸海域；南海未达到第一类海水水质标准的海域面积为9540 km²，同比减少2120 km²，主要分布在珠江口近岸海域。全国近岸海域海水水质总体保持改善趋势，优良（一、二类）水质比例为81.9%，同比上升0.6个百分点；劣四类水质比例为8.9%，同比下降0.7个百分点。②海水富营养状态有所改善。2022年，夏季呈富营养状态的海域面积为28770 km²，同比减少1400 km²。2011~2022年，中国管辖海域呈富营养状态的海域面积总体呈下降趋势。③塑料是海洋垃圾的主要类型。海面漂浮垃圾、海滩垃圾和海底垃圾的主要种类均为塑料，分别占86.2%、84.5%和86.8%。④海洋环境放射性。管辖海域海水、近岸海域海洋生物及核电基地周围海水水域、沉积物、海洋生物等环境介质放射性检测表明，各核电厂运行对公众造成的辐射剂量均远低于国家规定的剂量限值，未对环境安全和公众健康造成影响。

公报显示，入海河流国控断面水质状况总体良好，但直排海污染源超标排放现象依然存在。一~三类水质断面占80.0%，同比上升8.3个百分点；劣四类水质断面占0.4%，同比持平。2022年入海河流断面总氮平均浓度为3.92 mg/L，同比上升8.9%。230个入海河流断面中，76个断面总氮年均浓度高于平均浓度。457个直排海污染源污水排放量为7.5亿吨。开展监测的各项指标中，个别点位总磷、五日生化需氧量、粪大肠菌群、氟化物、悬浮物、化学需氧量和总氮超标。

（2）我国海洋污染的防治对策 当前，我国经济已发展成为高度依赖海洋的外向型经济，对海洋资源的依赖程度大幅提高，在保护海洋方面也需要不断加以维护和拓展。我国采取多种措施来控制海洋污染，具体包括：

① 完善国家海洋环境保护战略、法治、综合管理体制建设。依据国家现有重大战略和规划，充分考量我国海洋环境的生态系统容量和发展需求，结合海洋发展的规划与需求，合理制定我国海洋环境战略，明确目标、时间表、路线图及基本原则。针对目前某些环节存在的立法空白进行适当的补充和修改，对与我国海洋环境保护有关的环节和问题进行全面规范。加大海洋环境执法和惩罚的力度，用更加严厉的惩戒，威慑行为人严格按照海洋环境标准进行操作。有效实施排海污染物浓度控制和总量控制的双重控制制度。根据海洋区域自净能力建立污染物排放总量控制目标及区域分目标体系，建立成分及浓度控制体系。

② 加强海洋环境监测。整合海洋监测和研究力量，加强科研与监测的有机结合，注重科研成果在海洋监测实际工作中的推广应用，提高监测质量水平。改进海洋监测的技术装备，适当调整监测站位和频率，加强海洋生物监测。积极参与全球海洋监测，与全球海洋大系统接轨，使我国的海洋环境监测逐步走向国际化。依托互联网、云计算、大数据等新技术和理念，利用多源数据的抽取、关联、异构、挖掘和可视化技术，形成海洋环境管理研究、监测和评价综合体系。

③ 推进海洋环保技术进步。借鉴国际海洋垃圾资源化处理的先进经验，提高资源转化能力，引进先进的海洋环境生态修复技术。定期检查船舶的安全隐患问

题，并督促船舶进行定期保养，积极防治石油污染。此外，政府应积极鼓励公众参与技术创新，并加大科技经费投入，积极引导社会投入，共同提高海洋生态环境保护科技含量。

④ 研究推进海洋生态补偿机制。按照"谁开发谁保护，谁受益谁补偿"的原则，实施海洋生态建设和生态修复，对失去发展机会的社会机构、法人、自然人应进行补偿，对为保护海洋生态而转产转业的法人、自然人给予补助。建立海洋生态环境保护责任追究和环境损害赔偿制度，确保海洋生态环境保护法律责任、行政责任、经济责任的"三重落实"。

⑤ 增强公众的海洋环境保护意识。强化海洋污染防治的宣传力度，拓宽宣传教育渠道，进企业、进社区、进农村、进课堂，提高公民的海洋环境保护参与意识。充分利用科研院校的教育优势，采取合理、积极的方式对沿海地区居民、涉海各单位和员工加大海洋生态安全保护重要性的宣传教育力度，普及相关海洋生态安全治理的法律法规知识。加大中小学校海洋教育比重。

⑥ 加强养殖业和捕捞业的管理。建立、健全水产养殖环境管理的法律、法规及相关政策，严格执法。完善相关管理法律、法规，制定水产养殖污染源治理标准，重点抓好饵料、渔药的使用量及养殖废水排放标准，切实规范各种养殖行为，确保水产养殖业的健康可持续发展和保持良好的生态环境。积极探索低碳海水养殖业，实行立体化海水综合养殖模式。

参考文献

[1] 李洪远. 环境生态学 [M]. 北京：化学工业出版社，2012.

[2] 林海峰，刘晓红. 对海洋污染状况预测方法的研究 [J]. 天津航海，2013（1）：60-62.

[3] 林小春. 全球变暖加剧降水分布失衡 [J]. 浙江大学学报（农业与生命科学版），2013（4）：412.

[4] 黄炜惠，马春子，李文攀，等. 我国地表水溶解氧时空变化及其对全球变暖的响应 [J]. 环境科学学报，2021，41（5）：1970-1980.

[5] 邓晓蓓. 我国大气污染的成因及治理措施 [J]. 北方环境，2013（2）：118-120.

[6] 张丽萍. 全球变暖背景下水循环变化对海洋环流及其后的影响 [D]. 青岛：中国海洋大学，2012.

[7] 贺世杰，王传远，刘红卫. 海洋溢油污染的生态和社会经济影响 [C]. 2013 年中国环境科学学会学术年会，2013.

[8] 任宏艳，张翠平. 酸雨对我国生态系统的影响及防止对策 [J]. 现代园艺，2023，46（5）：89-92.

[9] 侯立，陈冠益. 大气污染控制工程 [M]. 北京：化学工业出版社，2022.

[10] 代永锋.环境工程中大气污染危害及其治理措施 [J].石材，2023（8）：125–127.

[11] 吴锡.城市环境管理强化大气污染治理的途径 [J].清洗世界，2023，39（5）：77–79.

[12] 潘晓滨，曹媛."双碳"背景下京津冀大气污染协同治理研究 [J].资源节约与环保，2022（3）：145–148.

[13] 余安民.环境工程中的大气污染防治理策略探究 [J].资源节约与环保，2023（5）：77–80.

[14] 张素珍.大气污染环境监测技术及治理 [J].资源节约与环保，2023（5）：73–76.

[15] 高景芳，邸卫佳，张祖增.大气污染与气候变化协同治理的法治构造 [J].沈阳师范大学学报（社会科学版），2022，46（3）：71–77.

[16] 晓东.应对气候变化，保护自然资源：康明斯发布全新环境可持续发展战略 [J].商用汽车，2019（12）：90–91.

[17] 刘莎.环境可持续发展的环境生态学思考 [J].化工管理，2019（17）：65–66.

[18] 曾凤娟.生态环境保护中环境监测的重要性及实施策略 [J].大众标准化，2022（3）：70–72.

[19] 王敏晰.生态文明与资源循环利用 [M].北京：社会科学文献出版社，2021.

[20] 王万明.土地沙漠化原因及林业防沙治沙措施 [J].农业灾害研究，2023，13（4）：144–146.

[21] 赵勇.土地沙漠化的成因分析与治理对策探究 [J].农业开发与装备，2016（12）：118–119.

[22] 王桢豪.论土地沙漠化的现状与防治措施分析 [J].西部资源，2015（5）：124–126.

[23] 林欣迪.黑臭水体治理技术研究 [J].中国石油和化工标准与质量，2019，39（16）：205–206.

[24] 杨旭军，陆永明，朱杰.工业废水处理再利用若干问题的探讨 [J].山西化工，2023，43（5）：246–247.

[25] 楼铮铮，俞华勇，张璐.工业废水排放控制与处理方法探讨 [J].能源与节能，2023（2）：90–92.

[26] （美）斯潘塞·R·沃特.全球变暖的发现 [M].北京：外语教学与研究出版社，2008.

[27] （英）奈杰尔·劳森.唤醒理性全球变暖的冷思考 [M].北京：社会科学文献出版社，2011.

第 2 篇
可持续发展的
理论基础

第3章　可持续发展理论

随着生产力和经济的发展，人类社会对环境的冲击力大大增强，全球范围的环境污染和生态破坏日益严重，于是环境问题作为一个重大的科学技术问题被一些科学家提出。针对"环境问题"，人们首先根据传统理论研究治理方法和技术。与此同时，人们进一步体会到，仅靠科技手段和用工业文明方式作为定式去修补环境，不能从根本上解决环境问题，必须在各个层次上去调控和支配人类社会的行为和改变，以及打着工业文明烙印的思想和观念。在这一背景下，可持续发展作为一种新发展观悄然兴起，并日益引起国际社会的关注。特别是进入20世纪90年代以来，可持续发展凭借其崭新的价值观和光明的发展前景，被正式列入国际社会议程。1992年的世界环境与发展会议，1994年的世界人口与发展会议，1995年的哥本哈根世界首脑会议，都以此作为重要议题，提出了可持续发展战略构想。

3.1　可持续发展的概念

可持续发展作为一个全新的理论体系，正在逐步形成和完善。各个学科从各自的角度对可持续发展进行了不同的阐述，至今尚未形成比较一致的定义和公认的理论模式。尽管如此，其基本含义和思想内涵却是相一致的。

（1）《我们共同的未来》中可持续发展的定义　联合国于1983年12月成立了由挪威首相布伦特兰夫人为主席的世界环境与发展委员会，对世界面临的问题及应采取的战略进行研究。1987年，世界环境与发展委员会发表了影响全球的题为《我们共同的未来》的报告，它分为共同的问题、共同的挑战和共同的努力三大部分。该报告集中分析了全球人口、粮食、物种和遗传资源、能源、工业和人类居住等方面的情况，并系统探讨了人类面临的一系列重大经济、社会和环境问题。该报告鲜明地提出了三个观点：①环境危机、能源危机和发展危机不能分割；②地球的资源和能源远不能满足人类发展的需要；③必须为当代人和下代人的利益改变发展模式。

在此基础上，《我们共同的未来》进一步提出了可持续发展的概念：可持续发展既满足当代人的需求，又不能对后代人满足其自身需求的能力构成危害。可持续发展的目标是通过满足当前需求，同时确保不削弱子孙后代满足其需求的能力，这一定义中不包含侵犯国家主权的含义。联合国环境规划署理事会认为，可持续发展涉及国内合作和跨越国界的合作。可持续发展意味着国家内和国与国间的公平，意味着要有一种支援性的国际经济环境，从而支持各国，尤其是发展中国家经济的持续增长与发展，这对于环境的良好管理也至关重要。可持续发展还意味着维护、合理使用并且加强自然资源基础，这种基础支撑着生态环境的良性循环与经济增长。此外，可持续发展要求在制定发展计划和政策中纳入对环境的关注和考虑，而不代表在援助或发展资助方面的一种新形式的附加条件。因此，可持续发展包括两个重要概念：一是人类要发展，要满足人类的发展需要；二是不能削弱自然界支持当代人和后代人的生存的能力。

（2）根据可持续发展要素的定义

① 基于人口要素的定义。人口是可持续发展系统的第一个要素，可持续发展是以人为本的发展，基于人口属性的定义强调发展的过程要保持在生态系统的承载力内，发展的结果要提高人类的生活质量。以下是基于该要素的定义：

a.可持续发展旨在能够实现人类需求的永久满足和人类生活的持续改善。

b.可持续发展思想的核心是当前的决定不应该损害维持或改善未来生活标准的愿望。

c.可持续发展是人类种属的永恒的超出生物学的具有生活质量的生存，这种生存是人类通过基本生命保障系统（空气、水、土地、生物）的维持，以及配置、保护这些基本生命保障系统的组成和运行规则所获得的。

d.可持续发展是一个在减少我们的资源使用强度的同时，确保自然资源库和其他资产库不减少甚至增加的过程，不断改善人类生活质量的过程。

e.可持续发展是改善占人类大多数的穷人的生活条件，避免自然和生活资源的破坏，实现生产的增长和生活条件的改善的过程。简言之，它是在自然的和环境承载力的限制下实现的发展。

f.可持续发展是一个用以改善人类条件并使这种改善持续下去的综合行动。

② 基于资源要素的定义。资源是可持续发展系统的第二个要素，人类的生产和生活都依赖于资源的供给。基于资源的要素的定义，强调发展的过程要合理地利

用有限的自然资源，发展的结果要保持自然资源库的恒定或稳定。例如：

a.可持续发展要求资源的获取率不能高于人工的或者自然的更新率，必须保证废物的排放率不超过自然的和人工的生态系统的相应净化率。

b.可持续发展就是一种发展向量的与时俱增的状态。可持续发展的必要条件是自然资源库的恒定，更严格地讲，就是要求自然资源库的变化是非负数的，如土壤质量、地下水和地表水质量、陆地生物、水生生物，以及环境消纳废物的能力。

c.可持续发展是在不退化资本库存（包括自然资本库存）的同时，能够永久持续地消费。

d.可持续发展可以定义为：通过对自然资源的开发和管理，要有利于维持或提高资源库的长期生产能力，并在环境影响可接受的前提下，促进从可选择的资源利用系统中得到长期的资产和财富。

e.可持续性不仅是不严重破坏人们赖以生存的资源基础，而且要使之再生，或使之细水长流，直到出现新的技术、新的制度及新的核心价值观。

③ 基于环境要素的定义。环境要素是可持续发展系统的第三个要素，环境是资源的载体和人类生存的基础。基于环境要素的定义，强调发展的过程要保护生态系统的完整性和生物多样性，发展的结果要保持生命保障系统的生产能力和整体功能的良性循环。在可持续发展系统里，人们常常将环境要素整合为生态要素加以论述，强调生态学也能够应用到经济过程，以致基于环境要素的可持续发展定义几乎总是将生态环境与经济发展整合到一起。

可持续发展概念构建了一种经济活动和环境资源保护之间的紧密联系，它不但描述了环境和经济之间的密切关系，还强调了不应"过度地"减少环境资源的遗产，而且将经济发展和生态可持续性两个基本观念结合起来。生态可持续的经济发展是指经济－生态系统的结构、组织和行动的一个相关变化的过程，旨在实现最大福利，并通过使用系统内可获取的资源以维持最大福利。可持续发展是在保护自然资源的质量和其所提供的服务的前提下，最大限度地增加经济发展的净利益。

国际自然保护同盟（IUCN）1991年对可持续性的定义是"在其可再生能力的范围内使用一种有机生态系统或其他可再生资源"。同年，国际生态学联合会（INTECOL）和国际生物科学联合会（IUBS）进一步探讨了可持续发展的自然属性。他们将可持续发展定义为"保护和加强环境系统的生产更新能力"，即可持续发展是不超越环境系统再生能力的发展。此外，从自然属性方面定义的另一种代表是从生物圈概念出发，即认为可持续发展是追求一种最佳的生态系统以支持生态的完整性和人类愿望的实现，使人类的生存环境得以持续。

④ 基于社会要素的定义。社会要素是人类发展的组织依托，社会进步是人类发展的终极目标。基于社会要素的定义强调发展的过程要维护代内公平和代际公平，发展的结果是要促进个人的全面发展和社会的全面进步。

可持续发展是在满足当代人需求的同时又不损害后代人满足其需求的能力的发展。这个定义出自《我们共同的未来》。它强调的是时间维的代际公平，而忽视了空间维的代内公平或区域公平。因此，有学者进行了修正，如杨开忠等提出，可持续发展是指既满足当代人需要又不危害后代人满足需要能力、既符合局部人口利益又符合全球利益的发展；叶文虎等提出，可持续发展是不断提高人群生活质量和环境承载能力的，满足当代人需求又不损害子孙后代满足其需求的，满足一个地区或一个国家的人群需求又不损害别的地区或国家的人群满足其需求的发展；欧文·拉兹洛等提出，一个可持续的社会不会挥霍后辈的资源资本，不会压制社会经济增长的势头，不会侵犯大多数人的公正感，但它可能是一个多元化的社会，不同的文化、意识形态、价值观和理想共同繁荣，实现互惠互利。

在1991年，由世界自然保护同盟、联合国环境规划署和世界野生生物基金会共同发表了《保护地球——可持续生存战略》。其中对可持续发展的定义是"在生存不超出维持生态系统涵容能力的情况下，提高人类的生活质量"，这一定义强调了人类的生存方式和生活方式要与地球承载能力保持平衡，保护地球的生命力和生物多样性。该报告还提出了可持续发展的价值观和130个行动方案，并提出了可持续发展的9条基本原则。该报告着重论述了可持续发展的最终目标是人类社会的进步，即改善人类生活质量，创造美好的生活环境。各国可以根据自身国情制定发展目标，但是，真正的发展必须包括提高人类健康水平，改善人类生活质量，以及合理开发和利用自然资源，必须创造一个保障人们平等、自由、民主的发展环境。

⑤ 基于经济要素的定义。这类定义均把可持续发展的核心看成是经济发展。当然，这里的经济发展已不是传统意义上的以牺牲资源与环境为代价的经济发展，而是不降低环境质量和不破坏世界自然资源基础的经济发展。在《经济、自然资源、不足和发展》中，作者爱德华·B·巴比尔把可持续发展定义为"在保护自然

资源的质量和其所提供服务的前提下，使经济发展的净利益增大到最大限度"。英国经济学家皮尔斯和沃福德在1993年合著的《世界末日》一书中，提出了以经济语言表达的可持续发展定义："当发展能够保证当代人的福利增加时，也不使后代人的福利减少"。

基于经济要素的定义，强调发展的过程要通过自然资本和人造资本的替代来维持资本库存的动态平衡，发展的结果要使人均福利随着时间的增长而增长。例如：阿拉比等提出，可持续发展是建立在可再生资源利用的基础上，对环境的损害不足以对终极限度构成压力的、能够永久持续的发展；皮尔斯等提出，可持续的经济增长意味着人均真实国民生产总值随着时间的增长而增长，而且其增长不受生物物理影响或社会影响的反馈威胁；哈夫曼等提出，可持续发展是经济福利在总体水平上的维持或增长，即人均经济福利水平的维持或增长。

⑥ 基于科技要素的定义。这主要从技术选择的角度扩展了可持续发展的定义，该定义认为：可持续发展就是转向更清洁、更有效的技术，尽可能接近"零排放"或"密闭式"的工艺方法，尽可能减少能源和其他自然资源的消耗。还有学者提出：可持续发展就是建立极少产生废料和污染物的工艺或技术系统。他们认为污染是技术水平差、效率低的表现，是工业活动可以避免的。他们主张发达国家与发展中国家之间进行技术合作，缩小技术差距，提高发展中国家的经济生产能力。

⑦ 基于综合要素的定义。在可持续发展系统里，人口、资源、环境、经济和社会五个要素可以进一步综合成三个要素系统，即生态系统、经济系统和社会系统。基于要素综合的可持续发展定义如下：

可持续发展从本质上被分为三个方面：①经济方面，一个经济上的可持续发展系统必然能够在一个持续的基础上生产产品和服务，能够维持政府和外债的可管理水平，能够避免农业和工业部门极端不平衡所产生的损害。②环境方面，一个环境上的可持续发展系统必须维持一个稳定的资源库，避免对可再生资源系统或环境容器功能的过度利用，而且只在通过投入获得合适的替代品的范围内消耗不可再生资源。这包括生物多样性保持、大气稳定性保持以及其他生态系统功能的保持。③社会方面，一个社会上的可持续发展系统必须实现分配的公平，提供令人满意的社会服务，包括健康和教育、性别责任、政治责任和参与责任。

综上所述，可持续发展定义为：在生态承载力范围内，人类通过合理高效地利用自然资源，保持生态系统的完整性，维持资本系统的稳定性，维护社会系统的公平性，在不断提高人类生活质量的同时，实现生态系统、经济系统和社会系统的协同发展。在这个定义中，生态承载力是限制，人类需求的满足不能突破地球的生态承载力。生态系统的完整性、资本系统的稳定性、社会系统的公平性是中介。其中，生态系统的完整性隐含生物多样性；资本系统包括自然资本、人造资本和人力资本，资本结构可以变化，但资本总量则应保持恒定甚至与时俱增；社会系统的公平性包括代际公平、代内公平和区际公平。协同进化不是自发的，而是人类自觉和有意识的广义的进化。

3.2 可持续发展理论的发展历程

可持续发展思想的提出源于人们对环境问题的不断认识和热切关注。其产生背景是人类赖以生存和发展的环境与资源遭受越来越严重的破坏，人类已经尝到了环境破坏的严重后果，因此在探索环境与发展的过程中逐渐形成了可持续发展思想。

（1）《寂静的春天》——早期人类对传统行为和观念的反思 20世纪中叶，随着环境污染的日趋加重，特别是公害事件的不断发生，环境问题频频困扰着人类。美国海洋生物学家蕾切尔·卡逊在潜心研究美国使用杀虫剂所产生的种种危害之后，于1962年出版了环境保护科普著作《寂静的春天》。作者通过对污染物DDT等的富集、迁移、转化的描写，阐明了人类同大气、海洋、河流、土壤、动植物之间的密切关系，初步揭示了污染对生态环境的影响。她告诉人们："地球上生命的历史一直是生物与其周围环境相互作用的历史……只有人类出现后，生命才具有了改造其周围大自然的异常能力。在人类对环境的所有破坏中，最令人震惊的是空气、土地、河流以及大海受到各种致命化学物质的污染。这种污染是难以清除的，因为它们不仅进入了生命赖以生存的世界，而且进入了生物组织内部。"她还向世人呼吁，我们长期以来行驶的道路，容易被人误认为是一条可以高速前进的平坦、舒适的超级公路，但实际上，这条路的终点却潜伏着灾难，而另外的道路则为我们提供了保护地球的最后唯一的机会。而"这条道路"到底是什么样的，卡逊没有明确告诉我们，但卡逊的思想较早地引发了人类对自身传统思想和行为的反思。

（2）《增长的极限》——引起世界反响的"严肃忧虑" 1968年，来自世界各国的科学家、教育家和经济学家等学者聚会罗马，成立了一个非正式的国际协会——罗马俱乐部。其工作目标是关注、探讨与研究人类面临的共同问题，使国际社会对人类面临的社会、环境、经济等问题有更加深入的了解，并在现有全部知识的基础上采取能扭转不利局面的新态度、新政策和新制度。

受罗马俱乐部的委托，以麻省理工学院学者梅多斯·L·丹尼斯为首的研究小组，针对长期流行于西方的高增长理论进行了深刻的反思，并于1972年提交了俱乐部成立后的第一份研究报告——《增长的极限》。报告深刻阐明了环境的重要性和资源与人口之间的基本关系。报告认为：由于世界人口增长、粮食生产、工业发展、资源消耗和环境污染这五项基本因素的运行方式是指数增长而非线性增长，全球的增长将会因为粮食短缺和环境破坏于下世纪某个阶段内达到极限。也就是说，地球的支撑力将会达到极限，经济增长将发生不可控制的衰退。因此，要避免因超越地球资源极限而导致世界崩溃的最好方法是限制增长。

《增长的极限》一经发表，在国际社会特别是在学术界引起了强烈的反响。该报告引发了人们对人口、资源和环境问题的关注，同时也遭受到尖锐的批评和责难。因此，引发了一场激烈的、旷日持久的学术之争。一般认为，由于种种因素的局限，《增长的极限》的结论和观点存在十分明显的缺陷。但是，报告所表现的对人类前途的"严肃的忧虑"以及唤起人类自身觉醒的意识，其积极意义是毋庸置疑的。

（3）联合国人类环境会议——人类对环境问题的正式挑战 1972年，联合国人类环境会议在斯德哥尔摩召开，来自世界113个国家和地区的代表汇聚一堂，共同讨论环境对人类的影响问题。这是人类第一次将环境问题纳入世界各国政府和国际政治的事务议程。大会通过了《人类环境宣言》，宣布了37个共同观点和26项共同原则，向全球呼吁：现在已经到达历史上重要的一个时刻，我们在决定世界各地的行动时，必须更加审慎地考虑它们对环境产生的后果。由于无知和不关心，我们可能给生活和幸福所依靠的地球环境造成巨大的无法挽回的损失。因此，保护和改善人类环境是关系到全世界各国人民的幸福和经济发展的重要问题，是全世界各国人民的迫切希望和各国政府的责任，也是人类的紧迫目标。各国政府和人民必须为全体人类和自身后代的利益而做出共同的努力。

作为探讨保护全球环境战略的第一次国际会议，联合国人类环境大会的意义在于唤起各国政府对环境问题，特别是对环境污染问题的觉醒和关注，尽管大会对整个环境问题的认识比较粗浅，对解决环境问题的途径尚未确定，尤其是没能找出问题的根源和责任，但是，它正式吹响了人类共同向环境问题挑战的进军号。各国政府和公众的环境意识，无论是在广度上还是在深度上都向前迈进了一步。

（4）《世界自然资源保护大纲》——自然环境保护的行动纲领　1980 年 3 月 5 日，自然保护联合会、联合国环境规划署、世界野生动物基金会联合发表了《世界自然资源保护大纲》。

《世界自然资源保护大纲》对人类的经济发展、自然资源保护目标及行动纲领作出了原则性阐述，指出人类在寻求经济发展及享用自然资源时，不仅必须考虑资源有限的事实及生态系统的支持能力，还必须考虑子孙后代的需要，改变了过去那种把保护与发展对立起来和就保护论保护的做法，提出要把保护环境与发展很好地结合起来，从而为可持续发展思想的形成奠定基础，明确提出了建立新的环境伦理以实现人与自然协同进化的必要性。

《世界自然资源保护大纲》还首次提出了"可持续发展"的概念。它指出："为使发展得以持续，必须考虑社会因素、生态因素和经济因素，考虑生物的和非生物的资源基础。人类的利用必须强调对生物圈的管理，使其既能满足当代人的最大持续利益，又能满足后代人需要与欲望的能力。"

（5）《我们共同的未来》——环境与发展思想的重要飞跃　20 世纪 80 年代伊始，联合国本着必须研究自然的、社会的、生态的、经济的以及利用自然资源过程中的基本关系，确保全球发展的宗旨，于 1983 年 3 月成立了以挪威首相布伦特兰夫人任主席的世界环境与发展委员会（WHED）。联合国要求其负责制定长期的环境对策，研究能使国际社会更有效地解决环境问题的途径和方法。经过 3 年的深入研究和充分论证，该委员会于 1987 年向联合国大会提交了研究报告《我们共同的未来》。

《我们共同的未来》分为"共同的问题""共同的挑战""共同的努力"三大部分。报告将注意力集中在人口、粮食、物种和遗传资源、能源、工业和人居等方面。在系统讨论了人类面临的一系列重大的经济、社会和环境问题之后提出了可持续发展的概念。报告深刻指出，在过去我们关心的是经济发展对生态环境带来的影响，而现在，我们正迫切地感觉到生态的压力对经济发展带来的重大影响。因此，我们需要有一条新的发展道路，这条道路不是一条仅能在若干年内、在若干地方支持人类进步的道路，而是一条直到遥远的未来都能支持全球人类进步的道路。这实际上就是卡逊在《寂静的春天》中没能给出的答案，即可持续发展道路。布伦特兰鲜明、创新的观点，把人类从单纯考虑环境保护引导到把环境保护与人类发展切实结合起来，实现了人类有关环境与发展思想的飞跃。

（6）联合国环境与发展大会——环境与发展的里程碑　从1972年联合国人类环境会议召开到1992年的20年间，尤其是20世纪80年代以来，国际社会关注的热点已由单纯注重环境问题逐步转移到环境与发展的关系上来。在这一背景下，联合国发展大会（UNCED）于1992年6月在里约热内卢召开。会议通过了《里约环境与发展宣言》和《21世纪议程》两个纲领性文件。前者是开展全球环境与发展领域合作的框架性文件，是为了保护地球的永恒活力与整体性，建立一种新的、公平的全球伙伴关系的"关于国家和公众行为基本准则"的宣言，提出了实现可持续发展的27条基本原则；后者则是全球范围内可持续发展的行动计划，旨在建立21世纪世界各国在人类活动对环境产生影响的各个方面的行动准则，为保障人类共同的未来提供一个全球性措施的战略框架。此外，各国政府代表还签署了联合国《气候变化框架公约》《关于森林问题的原则声明》《生物多样性公约》等国际文件及有关国际公约。可持续发展得到世界最广泛和最高级别的政治承诺。

以这次大会为标志，人类对环境与发展的认识提高到一个崭新的阶段，向世界发出了总动员，使人类迈出了跨向新的文明时代的关键性一步，为人类的环境与发展树立了一座重要的里程碑。

（7）《21世纪议程》——人类行动计划　《21世纪议程》是一个可持续发展的国际行动计划，内容包括社会和经济问题、自然资源的保护和管理、行为主体的作用和实施的办法，分为四大部分，第一章描写了行动的事实基础、行动的目标、政府和其他部门应该采取的特别行动，以及必须支持和资助这些行动的实体。要求世界各国积极行动起来，尽快制定和实施可持续发展战略，以迎接人类面临的共同挑战。该议程以可持续发展思想为指导，对政治平等、消除贫困、环境保护、资源管理、生产与消费方式、科学技术、国际贸易、公众参与和立法等问题进行了广泛的探讨。呼吁世界各国迅速改变现有的使经济差距加大、自然资源枯竭、地球环境恶化的发展政策，制定能改善所有人的生活水平，更好保护和管理生态系统，争取一个更为安全、更加繁荣的未来的发展政策。强调国际合作的重要性，指出任何一个国家都不可能仅依靠自己的力量取得成功，只有全球携手，才能求得可持续的发展。

（8）《可持续发展执行计划》——世界可持续发展的规划　2002年8月26日至9月4日，联合国可持续发展世界首脑会议在南非约翰内斯堡举行。会议的宗旨是继续贯彻1992年通过的《里约环境与发展宣言》的原则和全面实施《21世纪议程》，针对10年来消除贫困、保护地球环境不尽如人意的状况，强调各国政府要全方位采取具体行动和措施，实现世界的可持续发展。会议通过了《可持续发展执行计划》《约翰内斯堡可持续发展承诺》等重要文件。其中，《可持续发展执行计划》重申对世界可持续发展战略的实践具有奠基作用的《里约环境与发展宣言》的原则和进一步全面贯彻《21世纪议程》的承诺，被认为是关系全球未来10~20年环境与发展进程走向的路线图。其内容包括序言、消除贫困、改变不可持续发展的消费和生产方式、保护和管理实现经济和社会发展的自然资源、全球化世界的可持续发展、健康与可持续发展、小岛屿与发展中国家的可持续发展、非洲国家的可持续发展、执行方法和实施可持续发展的机制框架等。

《可持续发展执行计划》再次确认了贯彻执行"共同而有区别的责任"原则的极端重要性，敦促发达国家兑现10年前提出的将国民生产总值的0.7%用于援助发展中国家的可持续发展的庄严承诺，并为实现世界可持续发展采取实际行动。强调消除贫困是可持续发展的必然要求，也是当今世界面临的最大挑战。把水和卫生、健康、能源、农业生产和生物多样性五个领域作为其关注的焦点，计划到2020年，最大限度地减少有毒有害化学物质的污染；到2015年，将全球绝大多数受损渔业资源恢复到可持续利用的最高水平；在2015年之前，将全球无法得到足够卫生设施的人口降低一半；从2005年开始实施下一代人力资源保护战略等。

如果说《21世纪议程》是可持续发展战略实施的开始，并为全球的可持续发展指明了方向，那么，《可持续发展执行计划》则是对过去10年全球可持续发展实践的评估，以及对世界未来可持续发展的具体规划。

3.3　可持续发展的基本思想

可持续发展是一个涉及经济、社会、文化、技术及自然环境的综合概念，是一种立足于环境和自然资源角度提出的关于人类长期发展的战略和模式。这并不是一般意义上所指的在时间和空间上的连续，而是特别强调环境承载能力和资源的持续利用对发展进程的重要性和必要性。其基本思想主要包括三个方面：

（1）**可持续发展鼓励经济增长**　强调经济增长的必要性，必须通过经济增长提高当代人的福利水平，增强国家实力和社会财富。但可持续发展不仅是重视经济增长的数量，更要追求经济增长的质量。这就是说经济发展包括数量增长和质量提高两部分。数量的增长是有限的，而依靠科学技术进步，提高经济活动中的效益和质量，采取科学的经济增长方式才是可持续的。因此，可持续发展要求重新审视如何实现经济增长。要达到具有可持续意义的经济增长，必须改变使用能源和原料的方式，改变传统的以"高投入、高消耗、高污染"为特征的生产模式和消费模式，实施清洁生产和文明消费，从而减少每单位经济活动所造成的环境压力。环境退化的原因产生于经济活动，其解决的办法也必须依靠经济过程。

（2）**可持续发展的标志是资源的永续利用和良好的生态环境**　经济和社会发展不能超越资源和环境的承载能力。可持续发展以自然资源为基础，同生态环境相协调。要求在严格控制人口增长、提高人口素质和保护环境、资源永续利用的条件下，进行经济建设，保证以可持续发展的方式使用自然资源和环境成本，使人类的发展控制在地球的承载力之内。可持续发展强调发展是有限制条件的，没有限制就没有可持续发展。要实现可持续发展，必须使自然资源的耗竭速率低于资源的再生速率，必须通过转变发展模式，从根本上解决环境问题。如果经济决策中能够将环境影响全面系统地考虑进去，这一目的是能达到的。但如果处理不当，环境退化和资源破坏的成本就非常巨大，甚至会抵消经济增长的成果而适得其反。

（3）**可持续发展的目标是谋求社会的全面进步**　发展不仅仅是经济问题，单纯追求产值的经济增长并不能体现发展的内涵。可持续发展的观念认为，世界各国的发展阶段和发展目标可以不同，但发展的本质应当包括改善人类生活质量，提高人类健康水平，创造一个保障人们平等、自由、教育和免受暴力的社会环境。这就是说，在人类可持续发展系统中，经济发展是基础，自然生态保护是条件，社会进步是目的。而这三者又是一个相互影响的综合体，只要社会在每一个时间段内都能保持与经济、资源和环境的协调，这个社会就符合可持续发展的要求。显然，在新的世纪里，人类共同追求的目标，是以人为本的自然－经济－社会复合系统的持续、稳定、健康发展。

3.4　可持续发展的基本原则

可持续发展具有十分丰富的内涵，就其社会观而言，主张公平分配，既满足当代人又满足后代人的基本需求；就其经济观而言，主张建立在保护地球自然系统的基础上的持续经济发展；就其自然观而言，主张人类与自然和谐相处。从中所体现的基本原则有三点：

（1）**公平性原则**　公平是指机会选择的平等性。可持续发展强调，人类需求和欲望的满足是发展的主要目标，因而应努力消除人类需求方面的诸多不公平性因素。可持续发展所追求的公平性则包含以下三个方面的含义：

一是追求同代人之间的横向公平性，可持续发展要求满足全球全体人民的基本需求，并给予全体人民平等性的机会以满足他们实现较好生活的愿望，贫富悬殊、两极分化的世界难以实现真正的可持续发展，所以要给世界各国以公平的发展权，因此，消除贫困是可持续发展进程中必须优先考虑的问题。

二是代际间的公平，即各代人之间的纵向公平。要认识到人类赖以生存与发展的自然资源是有限的，本代人不能因为自己的需求和发展而损害人类世世代代需求的自然资源和自然环境，要给后代人利用自然资源以满足其需求的权利。

三是人与自然的公平，人与自然的公平可产生代内关系效应，协调好人与自然的关系是实现代内公平的前提，可持续发展要求人类尊重自然、保护自然、回报自然，而不是一味地征服自然、索取自然、掠夺自然。人类要认识到人与自然的相互依赖性，并坚持与自然以一种健康的、具有支持力的、多样性的可持续的状态协同共存。

（2）**可持续性原则**　可持续性是指生态系统受到某种干扰时能保持其生产率的能力。资源的永续利用和生态系统的持续利用是人类可持续发展的首要条件，这就要求人类的社会经济发展不应损害支持地球生命的自然系统，不能超越资源与环境的承载能力。

社会对环境资源的消耗包括两个方面：耗用资源及排放污染物。为保持发展的可持续性，对可再生资源的使用强度应限制在其最大持续收获量之内；对不可再生资源的使用速度不应超过寻求作为替代品的资源的速度；对环境排放的废物量不应超出环境的自净能力。

（3）共同性原则　不同国家、地区由于地域、文化等方面的差异以及现阶段发展水平的制约，执行可持续的政策与实施步骤不统一，但实现可持续发展这个总目标及应遵循的公平性和可持续性两个原则是相同的，最终目的都是促进人类之间及人类与自然之间的和谐发展。

因此，共同性原则有两个方面的意义：一是发展目标的共同性，这个目标就是保持地球生态系统的安全，并以最合理的利用方式为人类谋福利；二是行动的共同性。因为生态环境方面的许多问题实际上是没有国界的，必须开展全球合作，而全球经济发展不平衡也是全世界的事。

3.5　可持续发展的挑战

可持续发展是以人与自然的关系、人与人的关系两大主线作为认知的统一基础。随着现代工业的发展，一系列的世界性难题对人类的未来提出了严峻的挑战。主要表现在以下四个方面：人口的压力、资源的短缺、环境的破坏、生态的危机。任何一种可持续发展挑战的变动都会给其他方面带来附加效应，甚至深入影响到现代社会的各个领域和各个角落。

3.5.1　可持续发展的危机

20世纪60年代初，美国生物学家蕾切尔·卡逊看到DDT杀虫剂对鸟类和生态环境的破坏时，《寂静的春天》一书应运而生，从陆地到海洋，从海洋到天空，全方位地描述了化学农药的广泛使用对人类赖以生存的环境所造成的巨大的、难以逆转的影响和危害。至此，人们对环境问题的关注真正拉开序幕，环境危机也震撼社会民众。

面对人类发展和自然环境资源的巨大矛盾，为寻求人类长期生存和发展的路径，环境危机是环境工作者乃至全体社会成员需要共同面对的难题。

我国拥有全球1/15的陆地面积，目前人口占世界总人口的1/5，也就是说人口密度是全球平均水平的3倍。尽管我国大规模的工业化只有半个世纪的历史，但由于人口多、发展速度快以及过去一些政策的失误，给我们国家的可持续发展带来了重大的障碍。我国是拥有14亿人口、劳动力资源非常丰富的发展中大国，随着近年来我国人口自然增长率逐年放缓，我国人口总量高峰、就业人口高峰、老龄人口高峰将接踵而至，人多资源少、就业岗位少、赡养成本高等将成为制约我国经济增长的主要难题。

由于我国人口基数大，即使资源总量庞大，但人均占有量仍然不足。我国水资源约2.8万亿立方米，居世界第六位，但人均水资源量仅为世界人均水资源量的1/4。而且水资源空间匹配欠佳，北方城市普遍缺水。另外，由于化学农业的面状污染和城镇、工矿业的点状污染，全国80%以上的河流受到不同程度的污染，主要水系污染均比较严重，一类至三类，也就是较好的水质，所占比例不到三成。改善水质状况必须改变传统的农业生产方式，使用有机肥料，利用生物措施解决农作物病虫害；积极筹措社会各方面资金，建立城市污水处理设施，同时要改变我国落后的用水方式。目前我国人均用水量约550 t，其中农业用水占总量85%，灌溉用水效率只有25%～40%，单位产品用水量比发达国家高出5～10倍。为解决北方用水问题，国家实施南水北调工程，调长江水以缓解北方水资源短缺的压力。我国已探明储量的矿产155种，其中金属矿产54种，非金属矿产90种，能源矿产8种，水气矿产3种，矿产资源总量约占世界的12%，仅次于美国和俄罗斯，居世界第3位。但人均占有量仅为世界平均水平的58%，几种主要自然资源人均占有量仅为世界平均水平的1/3~1/2。我国铁矿品位低，石油储量小，战略性资源总体不足。

生态环境方面，我国一些地区环境污染和生态状况令人触目惊心，部分大中城市污染形势日益严峻。全国大气污染物排放总量多年处于高水平，城市空气污染普遍较重，酸雨面积已占全国面积的1/3。水土流失情况严重，中国近4成国土面临水土流失，东北局部黑土层彻底消失，全国水土流失面积已达到3.6亿公顷。水环境质量仍不容乐观，在调查的湖泊水库中，25%的水体处于水体富营养化状态。

与工业国家相比，发展中国家经历这些步骤的速度非常之快。我们时常对第三世界缓慢的改变速度感到不耐烦，但是我们应该记住，发展中国家在近几十年所走过的距离，那些最初的工业化国家用了数个世纪。

3.5.2　自然资源与环境的角色

自然资源与环境之间存在着密不可分的关系，自然资源的消耗，必然导致环境的破坏；环境的变化必然促使人类重新认识、利用自然资源。自然资源为何如此重要，从纯粹的分子层面上讲，我们是不会消耗所有物质的，因为物质永远不会被销毁，而是相互转化。以人类的时间尺度来看，我们喜欢对资源进行可再生与不可再生的区分，但这是相当武断的定义。比如，我们会消耗完所有的汞，一旦地球冷下来，过去的几乎所有汞分子仍然还会再出现，或许是以另一种形态或在另一个地方，但无论怎样是始终存在的。如果有需求，或是乐于付出足够多的资金，我们可以不辞辛苦地把所有那些异态分子转化到它的原始状态。对于所有的矿物元素都是如此，但化石燃料除外，市场推动、技术和替代资源的作用，可以对某一资源进行扩展和弥补，因此化石燃料是不会耗竭的。在众多非可再生资源中，存在一个后备资源，所有能源都来自太阳——这几乎是取之不尽的，至少还能再维持50亿年。

斯塔认为，在未来的几十年内，资源的真正瓶颈将会在可再生资源上，而并不是非可再生资源。这不是体现在资源的可获取性方面，而是在于资源利用所带来的环境影响。全球范围的水资源污染，大气中的CO_2累积带来的全球变暖问题的威胁，这些都是给环境造成不利影响的实例。当然，水和大气都是可再生资源，二者都可以以一定的代价得到净化。淡化海水可以是水资源的后备来源，就好比与化石燃料相对应的太阳能，也是取之不尽的资源。因此，这个例子反映出的是一种预防策略，而不是破坏后进行再修复。

3.5.3　可持续发展的冲突

可持续发展的冲突，归根结底就是环境与资源之间的冲突，这是因为当前和未来资源分配的不平等。当对国内的资源和国际公共资源的需求增加时，就会在国家内部及国家间产生可能的冲突。在很多情况下，是资源本身引起的问题。比如，超过50%的世界人口生活在国际河流流域，上下游居民在很大程度上存在冲突的可能。大气污染物的越境传输，各国大气CO_2排放量的巨大差距，都可能引起冲突。通信及大众传媒的全球化，可以摆脱地方及区域的局限性，站在全球的角度对资源丧失程度进行比较。

可持续发展的冲突首先体现在资源占有量上的冲突。首先在耕地面积上，南美洲人均仅 2.25 km^2，而大洋洲则达 10.95 km^2，相差 4 倍之多。在人均能耗方面，从最少的非洲，有 4.83 桶标准油，到最多的北美洲，有 49.09 桶标准油，二者相差 10 倍；在水资源方面，最少的在非洲人均年消耗仅为 202 m^3，而北美洲达到 1798 m^3；对于粮食（人类和牲畜）消费，非洲最低，人均每年 226 kg，北美洲最高，人均每年 891 kg。

机动车保有量最能反映出生活方式的差距，非洲人均 0.02 辆，而北美洲人均 0.72 辆，二者相差 36 倍。最后是一个全球性污染的例子，关于 CO_2 的排放，非洲人均年排放 0.96 t，而北美洲是 19.42 t，近 20 倍的差距。亚洲拥有世界 60% 以上的人口，耕地面积仅占 35%，能源消耗量仅为世界的 34%，而拥有世界人口 5% 的美国，却占着世界 16% 的耕地面积，消耗了 25% 的能源。非洲国家凸显出的问题，在资源输入端方面有食物消费、能源和水资源利用急剧增加，在输出端方面有 CO_2 排放和机动车化的高速发展。南美洲在各方面所承受的压力仅次于非洲，除了机动车——这可能由于其在 1998 年就已经达到了相对高的水平。虽然从全球来看，食物消费需要的年增长率还算比较合理，可是在某些地区，要想达到 2050 年的预期需求，需要增加的每年实际生产的数量被视为不切实际。在单个国家内部，这种压力就更加剧烈。例如，到 2050 年，亚洲地区，年均食物需求量将在该地区当前的 10 亿吨生产量基础上，还要增加近 10 亿吨。要达到这一数量的生产，在国内需要尽可能地提高产量及扩大耕地，而来自国际贸易的供给可能还不足一半。正如瓦戈纳所说，这看起来是可以实现的，但必须付出巨大的努力，并且以灌溉系统的兴建和农业药剂的滥用可能带来的重大环境恶化为代价。正如罗杰斯所提到的，由于天然河系跨越国界，快速兴建灌溉工程势必将会引发潜在的国际冲突，特别是在中东和北非的敏感地区。

参考文献

[1]　于春祥. 可持续发展的环境容量和资源承载力分析 [J]. 中国软科学，2014（2）：130-133.

[2]　高丽. 如何实现资源利用与生态环境可持续发展 [J]. 科学咨询，2021（16）：51.

[3]　王娟. 生态社会主义对我国实施可持续发展战略的启示 [J]. 甘肃社会科学，2007（6）：206-208.

[4]　（美）蕾切尔·卡逊. 寂静的春天 [M]. 刘靖，译. 北京：煤炭工业出版社，2018.

[5]　李永峰，乔丽娜. 可持续发展概论 [M]. 哈尔滨：哈尔滨工业大学出版社，2013.

[6]　诸大建，陈海云，等. 可持续发展与治理研究——可持续性科学的理论与方法 [M]. 上海：同济大学

出版社，2015.

[7] Ksenia Gerasimova. 解析世界环境与发展委员会《布伦特兰报告：我们共同的未来》[M]. 上海：上海外语教育出版社，2020.

[8] （美）彼得·罗杰斯，卡济·贾拉勒，约翰·A·博伊德. 可持续发展导论 [M]. 北京：化学工业出版社，2008.

[9] Wang T T，Du Y，Yao D L. Comprehensive evaluation of sustainable development of low-carbon economy and environment in Anhui province[J]. Fresenius Environmental Bulletin，2021，30（2A）.

[10] Travkin V，Morudullaev D，Artemyeva I，et al. Soil bacteria as a basis for sustainable development of the environment[J]. E3S Web of Conferences，2021，247：01051.

[11] Michael A. Dictionary of the environment[M]. 3rd ed. London：MacMillan Press Ltd，1998.

第4章　可持续发展的理论体系

4.1　可持续发展模式与评价

4.1.1　可持续发展模式与评价理论体系

自1992年世界环境与发展大会以来，许多国家按大会要求，纷纷研究自己的可持续发展指标体系，目的是检验和评估国家的发展趋势是否可持续，并以此进一步促进可持续发展的实施。可持续发展战略作为全球的重大举措，联合国也成立了可持续发展委员会，其任务是审议各国执行《21世纪议程》的情况，并对联合国有关环境与发展的项目计划在高层次进行协调。为了对各国在可持续发展方面的成绩与问题有一个较为客观的衡量标准，该委员会制定了联合国可持续发展指标体系。

长期以来，人们采用国内生产总值来衡量经济发展的速度，并以此作为宏观经济分析与决策的基础。但是，从可持续发展的观点看，它存在着明显的缺陷，如忽略收入分配状况、忽略市场活动以及不能体现环境退化等状况。为了克服其缺陷，使衡量发展的指标更具科学性，不少较权威的世界性组织和专家学者都提出了一些衡量发展的新思路。

（1）衡量国家（地区）财富的新标准　1995年，世界银行颁布了一项衡量国家（地区）财富的新标准：一个国家的财富由三个主要资本组成，即人造资本、自然资本和人力资本。人造资本为传统经济统计和核算中的资本，包括机械设备、运输设备、基础设施、建筑物等人工创造的固定资产。自然资本指的是大自然为人类提供的自然财富，如土地、森林、空气、水、矿产资源等。可持续发展就是要保护这些财富，至少应保证它们在安全的或可更新的范围之内。因为人造资本是以大量消耗自然资本来换取的，所以应该从中扣除自然资本的价值。如果将自然资本的消耗计算在内，一些人造资本的生产未必是经济的。人力资本是指人的生产能力，它包括了人的体力、受教育程度、身体状况、能力水平等各个方面。人力资本不仅与人的先天素质有关系，而且与人的教育水平、健康水平、营养水平有直接的关系。因此，人力资本是可以通过投入人造资本获得增长的。从这一指标中我们可以看出，财富的真正含义在于：一个国家生产出来的财富减去国民消耗，再减去产品资产的折旧和消耗掉的自然资源。这就是说，一个国家可以使用和消耗本国的自然资源，但必须在自然生态保持稳定的前提下，能够高效地转化为人力资本和人造资本，保证人造资本和人力资本的增长能补偿自然资本的消耗。如果自然资源减少后，人力资本和人造资本并没有增加，那么，这种消耗就是一种纯浪费型的消耗。该方法更多纳入了绿色国民经济核算的基本概念，特别是纳入了资源和环境核算的一些研究成果，通过对宏观经济指标的修正，试图从经济学的角度去阐明环境与发展的关系，并通过货币化度量一个国家或地区总资本存量（或人均资本存量）的变化，以此来判断一个国家或地区的发展是否具有可持续性，能够比较真实地反映一个国家或地区的财富。

（2）**人文发展指数**　联合国开发计划署（UNDP）于1990年5月在第一份《人类发展报告》中，首次公布了人文发展指数（HDI），以衡量一个国家的进步程度。它由收入、寿命、教育三个指标构成。收入指人均GDP的多少；寿命反映了营养和环境质量状况；教育是指公众受教育的程度，也就是可持续发展的潜力。收入通过估算实际人均国内生产总值的购买力来测算；寿命根据人口平均预期寿命来测算；教育通过成人识字率（2/3权数）和大、中、小学综合入学率（1/3权数）的加权平均数来衡量。虽然"人文发展指数"并不等同于"可持续发展"，但该指数的提出仍有许多有益的启示。HDI强调了国家发展应从传统的以物为中心转向以人为中心，强调了达到合理的生活水平而非追求对物质的无限占有，向传统的消费观念提出了挑战。HDI将收入与发展指标相结合，人类在健康、教育等方面的社会发展是对以收入衡量发展水平的重要补充，倡导各国更好地投资于民，关注人们生活质量的改善，这些都是与可持续发展原则相一致的。

（3）**绿色国民账户**　从环境的角度来看，当前的国民核算体系存在三个方面的问题：一是国民账户未能准确反映社会福利状况，没有考虑资源状态的变化；二是人类活动所使用自然资源的真实成本没有计入常规的国民账户；三是国民账户未计入环境损失。因此，要解决这些问题，就有必要建立一种新的国民账户体系。近年来，世界银行与联合国统计署合作，试图将环境问题纳入当前正在制定的国民账户体系框架中，已建立经过环境调整的国内生产净值（NDP）和经过环境调整的净国内收入（EDI）统计体系。目前已有一个试用性的联合国统计局（UNSO）框架问世，称为"经过环境调整的经济账户体系"（SEEA）。其目的在于：在尽可能保持现有国民账户体系的概念和原则的情况下，将环境数据结合到现存的国民账户信息体系中。环境成本、环境收益、自然资产以及环境保护支出均以与国民账户体系相一致的形式，作为附属账户内容列出。简单说来，SEEA 寻求在保护现有国民账户体系完整性的基础上，通过增加附属账户内容，鼓励收集和汇入有关自然资源与环境的信息。SEEA 的一个重要特点在于，它能够利用其他测量维度的信息，如利用区域或部门水平上的实物资源账目。因此，附属账户是实现最终计算 NDP 和 EDI 的一个重大进展。

（4）国际竞争力评价体系　国际竞争力评价体系是由世界经济论坛和瑞士国际管理学院共同制定的。它清晰地描述了主要经济强国正在经历的变化，展示出未来经济发展的趋势。它不仅为各国制定经济政策提供参考，而且对整个社会经济的发展具有重要的向导作用。

这套评价体系由 8 大竞争力要素、41 个方面、224 项指标构成。8 大要素包括：国内经济实力、国际化程度、政府作用、金融环境、基础设施、企业管理、科技开发和国民素质。其中，国民素质有人口、教育结构、生活质量和就业失业等 7 个要素，生活质量中包括医疗卫生状况、营养状况和生活环境等状况。这套评价体系比较全面地评价和反映了一个国家的整体水平，不仅包括现实的竞争能力和预示潜在的竞争力，而且能揭示未来的发展趋势。

4.1.2　可持续发展评价指标体系建立的一般过程与方法

（1）可持续发展评价对象　可持续发展评价对象依据尺度大小不同可以分为全球尺度、国家尺度、区域尺度、地方尺度。可持续发展评价对象依据自身属性不同可以分为社会、经济、环境、生态、科技和能源等方面。

（2）可持续发展评价指标体系框架　当前可持续发展指标体系框架主要可以分为两大类：经济学框架和自然科学框架。经济学框架是建立在主流经济学理论基础之上的，它主张进行指标的货币综合价值核算。引入主流经济学理论来评价可持续发展进程的方法主要包括绿色 GDP 核算、自然资源损耗的货币价值核算、资本模型以及强可持续性和弱可持续性等。在经济学框架下建立的指数有可持续经济福利指数、真实进步指数、真实储蓄指数以及实行的新国家财富指标体系。

自然科学领域的研究人员对于可持续发展指标体系也提出了很多框架。常用的建立方法有系统分解法、目标分解法和综合归纳法。经济合作与发展组织1993年提出来的压力－状态－响应（PSR）模型就是一个经典框架。PSR框架随后被扩展为驱动力－压力－状态－影响－响应（DPSIR）框架，DPSIR框架于1999年被欧洲环境署所采用。1997年，联合国环境规划署和美国非政府组织提出了一个著名的社会、经济和环境三系统模型。联合国统计局创建了一个涵盖经济、气候、固体污染物和机构四个方面的指标框架。联合国可持续发展委员会为评价各国政府推进可持续发展目标进程建立了一个通用的可持续发展指标体系框架，这个框架由社会、经济、环境和制度四大系统组成。

（3）可持续发展指标的选取 可持续发展指标体系的指标选取目前存在两个鲜明不同方法：①自上而下的方法，由专家和学者界定研究框架和可持续发展指标集，决策者和公众再根据当地的实际情况进行修改。②自下而上的方法，由决策者和公众界定研究框架和可持续发展指标集，再向相关专家和学者进行咨询并进行修改。为了规范可持续发展指标的选取过程，提出了一系列的指标选取原则。全球可持续发展研究院（IISD）在《可持续发展评估：实践中的原则》一书中提出了指导可持续发展评价的10条原则。安德森于1991年提出了指标选取的7个原则：指标的易得性、易理解性、可测度、显著性、可获得性、可比性和通用性。我国学者也提出了自己的看法。叶文虎等研究了可持续发展指标体系的概念，提出了指标体系建立的框架体系。中国科学院研究员赵景柱在1991年提出可持续发展评价指标体系建立的7个原则：科学性、可行性、独立性、完备性、简洁性、层次性、稳定性。

4.2　环境价值论

环境价值论既是生态经济学的范畴，也是环境伦理学研究的领域。它不仅涉及环境价值的构成问题，而且涉及环境价值的评估问题，其中还隐含人们对环境的态度和情感问题。

4.2.1　环境总经济价值

环境总经济价值（total environmental value，TEV）包括工具价值和内在价值两部分。工具价值指的是某物品在使用之时满足某种需要或偏好的能力。内在价值是某种物品与生俱来的内在属性，是一种存在价值，它与人们是否使用它没有关系。

工具价值是指使用价值（utilization value，UV），可分为直接使用价值（direct utilization value，DUV）、非直接使用价值（indirect utilization value，IUV）和选择价值（option value，OV，又称期权价值）。内在价值是非使用价值（non utilization value，NUV）。因此，环境的总经济价值可以用式（4-1）表示：

$$TEV=UV+NUV=DUV+IUV+OV+NUV \tag{4-1}$$

直接使用价值是指环境资源直接满足人们生产和生活需要的价值，它是由环境自身对目前的生产或生活的直接贡献来决定的。

非直接使用价值是指从环境所提供的用来支持目前的生产和生活的各种功能中间接获得的效益。这类价值在当前的市场体系中往往不能反映，因而其价值的衡量比直接使用价值要难得多。

选择价值是人们为了保存或保护某一环境资源以便将来使用而产生的支付意愿。人们在利用环境资源的时候并不希望它的功能很快消耗殆尽，因为人们认识到在未来该环境资源的使用价值会更大。因此人们要对环境资源的利用做出选择。在一定意义上，选择价值就像人们对未利用资源所愿意支付的保险费，是为了避免在将来失去它的价值。

存在价值是人们对环境资源的存在而产生的支付意愿，是环境资源非使用价值中最为主要的一种形式。从某种意义上讲，存在价值是人们对环境资源价值的一种道德上的评判，这种评判与其现在或将来的使用都无关。

4.2.2　环境的公共物品属性

环境资源是典型的公共物品，它的消费具有明显的非排他性，即某人的消费不能阻止任何人免费享用该物品。但是，环境资源大多数不是纯公共物品，而是准公共物品，即介于私人和纯公共之间的物品。因为随着环境污染和破坏的日趋严重，任何人对环境资源的使用都不可能不影响其他人享用环境资源的质量。环境具有公共物品的特性决定环境价值无法通过竞争性的市场加以反映。从产权经济学上说，公共物品实际上就是那些不具备私有产权特性的物品。在市场体制中，一切经济活动都是以产权明晰为前提的，在自由竞争的市场中，完备的产权具有明确性、排他性、可转让性、强制性或可实施性四个特点。由于环境质量不具有私人产权特征，任何人完全可以根据自己的费用效益决策准则来利用环境资源，而不用考虑支付给他人费用以及影响他人，因此在自由竞争的市场中，环境价值很难得到实现。

4.2.3　环境外部性

外部性是指在实际经济活动中，某个微观经济单位对其他微观经济单位造成的非市场性影响。所谓非市场性是指这些影响并没有通过市场机制反映出来。环境影响具有明显的外部性。一方面，任何对环境造成污染的单位和个人，往往并不承担相应的责任，而把损失转嫁给社会或国家承担。例如，上游造纸厂向河流中排放废水造成水环境的质量下降，但是造纸厂并未因此给下游居民补偿，这种影响是以造纸厂的外部费用形式存在的，并没有反映到污染者的生产中，而是转嫁给社会，以社会成本形式存在。另一方面，任何由于环境改善而产生的提高人体健康水平、资产增值和美学景观享受等有益的效果，也没有体现在改善者的收益核算中。可见，环境损失、环境收益都是以"外部性"存在的，不可能通过自由竞争的市场体系表现出来，这就决定了环境价值无法通过市场得到反映。

4.2.4　环境影响评价

（1）环境影响评价的内涵　早期的环境影响评价主要应用于工程建设项目中，是指对建设项目引起的环境变化（包括自然环境和社会环境的影响）所进行的预测和评价，以及提出减缓环境变化的措施。随着其应用范围的扩展，环境影响评价的内涵也在不断丰富。

2003年9月1日起施行的《中华人民共和国环境影响评价法》这样定义：环境影响评价是指对规划建设的项目实施后可能造成的环境影响进行分析、预测和评估，提出预防和减轻不良环境影响的对策和措施，进行跟踪监测的方法与制度。

（2）环境影响评价的原则　环境影响评价的根本目的是鼓励在决策、规划、建设中考虑环境因素，最终实现人类活动与自然环境的相容与和谐。进行环境影响评价时，必须遵循以下基本原则：

① 目的性原则。区域环境有其特定的结构和功能，特定的功能要求其有特定的环境目标，因此进行任何形式的环境影响评价必须有明确的目标，并根据其目标确定环境影响评价的内容和任务。

② 整体性原则。区域可持续发展系统是一个不可分割的整体，环境影响评价必须注意相关决策、规划、建设对区域可持续发展系统的整体影响。

③ 相关性原则。在环境影响评价中，应考虑区域可持续发展系统中各子系统之间的联系，研究同一层子系统间的关系及不同层次子系统之间的关系，研究它们联系的性质、方式及紧密程度，从而判别环境影响的传递性。

④ 主导性原则。在环境影响评价中必须抓住各种政策或项目建设可能引起的主要环境问题，找出支配环境影响评价系统的主要变量，并将其对环境的影响降至最小。

⑤ 平衡性原则。环境系统的各子系统和各要素之间既要相互联系又要相互独立，各自表现出独特的属性，因此，环境影响评价在重视整体效应和相关性的同时，还要充分注意各子系统和要素之间的协调和均衡，特别关注那些具有"短板效应"的因素。

⑥ 动态性原则。在环境影响评价中必须研究其历史过程，研究不同时段、不同阶段的环境影响特征，并区分直接和间接影响、短期和长期影响、可逆和不可逆影响，同时注意影响的叠加性和累积性特点。

⑦ 随机性原则。环境影响评价的对象是个复杂多变的随机系统，各种政策或项目建设在实施过程中可能引起各种随机事件，有些会带来严重的后果。为了避免公害事件的形成和产生，必须根据实际情况，随时增加必要的研究内容，特别是环境风险评价的研究。

⑧ 发展性原则。环境影响评价必须从环境的系统性和整体性对环境价值做出评价，同时根据可持续发展目标对环境开发行为做出评价。在处理环境信息时，要着重说明和解释这些环境信息的社会经济含义，以实现生态、经济、社会之间的权衡，使环境影响评价能够真正促进区域的可持续发展。

⑨ 参与性原则。环境影响评价需要公众参与。一方面，环境影响评价的过程要公开、透明，公众有权利了解环境影响评价的相关信息；另一方面，公众对当地

的环境状况普遍了解，他们可以为环境影响评价提供可靠的信息，公众参与也有助于环境影响评价的科学、客观。

4.3 环境保护与可持续发展

（1）可持续发展源于环境保护 可持续发展思想从萌芽到成熟、从理论到实践，自始至终都与环境保护有着水乳交融的关系。正如伊恩·莫法特所言：可持续发展概念的演变，自始至终同那些讨论环境问题的国际的、国家的和地方性的会议有着密切的关系。事实上，从1972年斯德哥尔摩联合国人类环境与发展会议及其发表的《人类环境宣言》，到1992年里约热内卢联合国可持续发展首脑会议及其发表的《政治宣言》，都无不表达了可持续发展的思想与战略是源于对环境问题的重视。

在20世纪60～70年代的环境运动中，世界人民对环境保护与经济发展的关系的认识是比较片面的，认为它们之间是一对不可调和的矛盾，因此出现一些对人类未来比较悲观的论调。但是，到20世纪80年代以后，世界人民逐渐认识到环境保护与经济发展其实是相辅相成的关系，环境保护有助于经济发展，经济发展也促进环境保护。1997年世界环境与发展委员会发表了《我们共同的未来》，报告中提出的"可持续发展"概念将环境保护和经济发展有机统一了起来，认为不能将环境与发展割裂开来，经济发展不能忽视环境保护，而环境保护只能通过经济发展加以实现。正由于此，联合国人类环境会议演变成环境与发展会议。因此，从这个意义上讲，可持续发展实质上是整合环境保护与经济发展的产物。

（2）环境保护促进可持续发展 人类的生活质量与环境的健康有着直接的关系。环境问题的实质在于人类索取资源的速率超过了资源本身及其替代品的再生速率，向环境排放废弃物的速率与数量超过了环境的自净能力。环境污染和生态破坏不仅危及人类的生存安全，而且削弱人类可持续发展的基础能力。因此，保护环境就是保护生产力，就是保护人类可持续发展的生存基础。

4.4 环境保护与环境建设

环境保护是对生态系统完整性和基本生态过程的保持和维护，环境建设是通过对生态系统的结构和功能的优化来增强环境的承载力。因此，环境保护和环境建设是生态可持续发展的重要手段，环境保护的核心是生物多样性保护，环境建设的核心是人居环境的建设。

（1）生物多样性保护　生物多样性是生态完整性的重要指标，生物多样性保护是环境保护的核心，保护生物多样性就是保护人类生存与发展的生物基础。

生物多样性是指地球上所有生物——动物、植物和微生物及其所构成的综合体。生物多样性通常包括3个层面：生态系统多样性、物种多样性和遗传多样性。

全世界自然环境的恶化，导致物种灭绝速率加快，保护自然系统和保护生物多样性是当今世界面临的最迫切的问题之一。全世界已经正式辨明并分类的植物、动物、微生物有170万种，仍未发现或加以鉴定的动植物可能逾3000万种。不过由于人类的频繁活动，人类的足迹已经遍布世界的每个角落，尤其由于生物物种生活环境的不可逆转，这些物种正在以空前的速度灭绝。

生物多样性保护是一项复杂的系统工程，任何单一的保护措施都不可能解决生物多样性锐减的问题，必须多管齐下，采取综合的系统管理措施。

①　制定保护政策。直接针对生物多样性的保护政策，要协调好保护和开发的关系，避免因为生物多样性保护而损害当地居民的利益。针对资源部门以外的其他的部门政策，要做好其生物多样性的影响评价，通过政策修正，极小化其对生物多样性的负面影响。

②　土地综合利用。专业化的土地利用方式可以提高农业生产效率。众所周知，在一片土地上种植一种植物比种植多种植物要容易得多，因为种植同种作物便于机械化耕作，但是，这种单一品种的专业化生产，却是生物多样性危机的主要责任者，因为其生产效率的提高是以牺牲生物多样性为前提的。因此加强土地的综合利用，是生物多样性保护的重要措施。

③　保护物种生境。物种保护是生物多样性保护的核心。物种灭绝主要是由于它们的生存环境被破坏，所以保护物种的最好方法就是保护其特殊的生境。最有效的生境保护方法是建立自然保护区，实行就地保护，国家公园、科学保护区、自然遗产保护区、野生动植物保护区、典型景观保护区、后备资源保护区和人类学保护区等自然保护区都具有保护物种生境的功能。除就地保护外，还可以进行迁地保护，即将生物物种从自然生境中迁移到人造生境中进行保护，如动物园、植物园和

种质库等。迁地保护作为就地保护的补充，可以对受威胁和稀有动植物物种及其繁殖体进行长期保存、分析、试验和增殖。

（2）人居环境与可持续发展　不断提高人的生活质量是可持续发展的基本目标，在可持续发展系统里，人居环境是衡量生活质量高低的重要指标。城市作为人口的聚集地，是人类居住区的主要形式。随着城市化进程的加速，住房紧张、交通拥挤、环境污染、失业增加等"城市病"不断蔓延，建设可持续城市、生态城市和健康城市，成为21世纪人居环境建设的重要任务。

① 可持续城市。豪霍顿和亨特在《可持续城市》一书中将可持续城市定义为："居民和各种事务采用永远支持全球可持续发展目标的方式，在邻里和区域水平上不断努力以改善城市的自然、人工和文化环境的城市。"我们认为，可持续城市是对城市发展的过程、方式、状态和结果的定性描述，它是指城市发展的过程和方式是符合可持续发展的原则的，城市发展的状态和结果是具有可持续发展能力的，城市发展的核心内容是要协调城市人口、经济、社会的发展同城市本身及其所依存的腹地的资源、环境之间的关系。

可持续城市是可持续社会的缩影，可持续城市也可以从人口、资源、环境、经济和社会的角度进行解析。从城市人口角度看，可持续城市强调城市发展的过程要有广泛的公众参与和社区参与，发展的结果是居民的人居环境和生活质量不断提高，建立能够适应不同年龄、不同生活方式需要的生活城市；从城市资源角度看，可持续城市强调发展的过程是城市公众不断提高城市社区的人居环境质量，为全球可持续发展作出贡献的过程，结果是在保证城市和城市体系经济效益和生活质量的前提下，使能源和其他自然资源的消耗和污染最小化，建立一个环境友好型的，既为当代人着想也为后代人着想的责任城市；从城市经济角度看，可持续城市强调发展的过程是在资源利用最小化的前提下，使城市经济朝着高效、稳定和创新的方向演化的过程，结果是城市的经济效益不断提高，经济系统日趋稳定，经济地位不断巩固；从城市社会角度看，可持续城市强调发展的过程是一个不断推进民主、维护公平、促进和谐的社会过程，结果是建立一个公众、社会、政府机构都能积极参与城市问题讨论及城市决策的和谐城市。

② 生态城市。生态城市是在联合国教科文组织发起的"人-生物圈计划"研究中提出的一个重要概念，它是一个经济高度发达、社会繁荣昌盛、人民安居乐

业、生态良性循环四者保持高度和谐，城市环境及人居环境清洁、优美、舒适、安全，失业率低、社会保障体系完善，高新技术占主导地位，技术与自然达到充分融合，最大限度地发挥自然的创造力和生产力，有利于提高城市文明程度的稳定、协调、持续发展的人工复合生态系统。

生态城市是可持续城市的一种模式，是可持续城市的环境生态学描述。它是按生态学原理建立起来的生态、经济、社会协调发展，物质、能量、信息高效利用，资源、环境、生态良性循环的人类聚居地。从系统论角度讲，生态城市是一个以人的行为为主导、生态系统为依托、资源流动为命脉、社会体制为经络的生态-经济-社会复合系统，在这个系统里，生态平衡、经济发展、社会进步三个目标高度和谐，协同发展。

生态城市建设的内容包括五个方面，即生态安全、生态卫生、生态产业代谢、生态景观整合和生态意识培养。生态城市建设的要求包括八个方面：a.广泛应用生态学原理规划建设城市，城市结构合理、功能协调；b.保护并高效利用一切自然资源和能源，产业结构合理，实现清洁生产；c.采用可持续的消费发展模式，物质、能量循环利用率高；d.有完善的社会设施和基础设施，生活质量提高；e.人工环境与自然环境有机结合，环境质量高；f.保护和继承文化遗产，尊重居民的各种文化和生活特性；g.居民身心健康，有自觉的生态意识和环境道德观念；h.建立完善的、动态的生态调控管理与决策系统。

生态城市具有和谐性、高效性、持续性、整体性和区域性等特点，判别生态城市的主要标志是：生态环境良好并不断趋向更高水平的平衡；环境污染基本消除；自然资源得到有效保护和合理利用；以循环经济为特色的社会经济高度发展；生态文化初步形成；人民生活水平普遍进入富裕阶段。

4.5 科技进步与可持续发展

科技进步包括科学发展和技术进步两个方面，科技进步是科研成果的生产和物化的综合过程，技术进步是实际应用的设备和工具特性的变化。科技进步是一把"双刃剑"，一方面，在人类管理不善的情况下，它可能导致全球性的资源问题和环境问题；另一方面，人类又必须依赖科技进步来解决环境问题和资源问题。

① 科技进步作为资源问题和环境问题的形成因子。现代科学技术不仅赋予了人类适应自然的能力，更为人类提供了强大的改造自然的能力。当科学技术被用来对自然资源进行无休止地掠夺，满足不断膨胀的物质需求的时候，它就成为环境与资源问题的重要因子。工业社会的环境与资源问题，主要就是技术手段的不合理运用造成的。传统的工业化体系以技术创新为力量源泉，以自然资源消耗为生产基础，以单纯的经济增长为追求目标。

② 科技进步作为资源问题与环境问题的治理工具。科学技术的创新、应用和扩散，能高效利用自然资源，不断降低生产与生活的能耗和污染强度，推动可持续社会的建设。科学技术具有监测作用，可以用于监测全球问题的发展动向，认识其成因并最终找到解决问题的办法；科学技术具有控制作用，可以用来阻止环境污染和生态退化在时间上的延续和在空间上的扩展；科学技术具有保护作用，可以阻止物种灭绝和资源的枯竭；科学技术具有恢复作用，可以使已经遭到破坏的生态环境恢复其功能；科学技术具有预警作用，可以为有关决策和行动提供智力支持，保证可持续发展战略的顺利实施。

参考文献

[1] 李洁 . 基于可持续发展理论的城市发展战略框架构建 [J]. 建筑发展， 2017（4）：468–469.

[2] 陈程 . 基于面向可持续发展环境伦理价值观的教学活动设计——以"走向人地协调—可持续发展"为例 [J]. 科学咨询， 2021（2）：207.

[3] 杨霞 . 可持续发展指标体系建构及其应用研究 [J]. 中国商论， 2023（1）： 96–98.

[4] 张司达 . 环境保护与可持续发展的关系 [J]. 中外交流， 2016（1）： 53–53.

[5] 罗敏编， 李家彪 . 生态文明与环境保护 [M]. 上海： 科学技术文献出版社， 2021.

[6] 方创琳 . 区域发展战略论 [M]. 北京： 科学出版社， 2002.

[7] 韩逸， 赵文武， 郑博福 . 推进生态文明建设，促进区域可持续发展——中国生态文明与可持续发展 2020 年学术论坛述评 [J]. 生态学报， 2021， 41（3）： 1259–1265.

[8] 吴红蕾 . 可持续发展理念下新型城镇化与环境协同发展的研究综述 [J]. 工业技术经济， 2018， 37（12）： 102–105.

[9] Vernadsky V I. Problems of Biogeochemistry Ⅱ： On the fundamental material–energetic distinction between living and nonliving natural bodies of the biosphere [J]. 21st Century Science & Technology， 2006， 18（4）： 20–39.

[10] Bianchi T S. The evolution of biogeochemistry： revisited [J]. Biogeochemistry， 2021， 154（2）： 141–181.

[11] Back S K， Mojammal A H M， Kim J H， et al. Mercury distribution analyses and estimation of

recoverable mercury amount from byproducts in primary metal production facilities using UNEP toolkit and on-site measurement [J]. Journal of Material Cycles and Waste Management，2019，21（4）：915-924.

[12]　Averchenkova A，Fankhauser S，Finnegan J J. The influence of climate change advisory bodies on political debates: evidence from the UK Committee on Climate Change [J]. Climate Policy，2021，21(9): 1218-1233.

[13]　Murtugudde R. Earth system science and the second copernican revolution [J].Current Science，2010，98（12）：1579-1583.

[14]　Donges J F，Lucht W，M ü ller-Hansen F，et al. The technosphere in earth system analysis： A coevolutionary perspective [J]. The Anthropocene Review，2017，4（1）：23-33.

[15]　Nagatsu M，Davis T，Desroches C T，et al. Philosophy of science for sustainability science [J]. Sustainability Science，2020，15（6）：1807-1817.

[16]　Selin H，Selin N E. The human-technical-environmental systems framework for sustainability analysis [J]. Sustainability Science，2023（18）：791-808.

第3篇
可持续发展理论的实践

第5章　循环经济基本理论

5.1　循环经济发展历程

人类自工业化革命以来，经济迅速发展，但所走的自然资源→产品和用品→废物排放的道路，仅注重产品的质量和成本，很少顾及自然资源枯竭、过度开采使生态环境遭到破坏以及废物排放对环境所造成的后果。这是一种高开采，低利用，高排放的经济发展模式。人类对资源的开发利用造成的环境破坏，已经超出了全球或地区生态环境的承载能力，超出了保障人类可持续发展所允许的自然极限。因此，人类发展必须走可持续之路，可持续发展呼唤一种全新的经济发展模式，循环经济应运而生。

20世纪60年代，美国经济学家肯尼思·E·鲍尔丁提出了"宇宙飞船经济理论"，这是循环经济理论的雏形。鲍尔丁认为地球经济系统如同一艘宇宙飞船，尽管地球资源系统大得多，地球寿命也长得多，但是也只有实现对资源循环利用的循环经济，地球才能得以长存。

循环经济的发展经历了三个阶段：20世纪80年代的微观企业试点阶段、20世纪90年代的区域经济模式——生态工业园实践阶段和21世纪初的循环型社会建设阶段，具体如下：

阶段1：微观企业试点阶段。

根据生态效率的原则，推行清洁生产，减少产品和服务中物料和能源的使用量，实现污染物排放的最小化。20世纪80年代末，循环经济理念在世界500强企业——杜邦公司开始应用。公司的研究人员把循环经济减量化（reduce）、资源利用循环化（recycle）和废物资源化（reuse）（简称3R）原则发展成为与化工生产相结合的"3R制造法"，放弃使用某些对环境有害化学物质，减少某些化学物质的使用量，同时研发回收本公司副产品的新工艺等。1994年，塑料废物产生量减少25%，空气污染物排放量减少70%。在废塑料中回收化学物质，开发了耐用的乙烯材料等新产品。

阶段2：生态工业园实践阶段。

20世纪80年代末至90年代初，一种循环经济化的工业区域——生态工业园应运而生。生态工业园是按照生态学的原理，通过企业或行业间的物质集成、能量集成和信息集成，依托于企业或行业间的工业代谢和共生关系而建立的。丹麦卡伦堡生态工业园在循环经济生产中脱颖而出，通过企业间的废物和副产品交换，把火电厂、炼油厂、制药厂和石膏厂联合起来，形成生态循环链，不仅大大减少了废物产生量和处理费用，而且减少了原材料的投入，形成了生产发展和环境保护的良性循环。目前，生态工业园已经成为循环经济的一个重要发展形态，成为许多国家工业园改造的方向，也正在成为我国第三代工业园的主要发展形态。

阶段3：循环型社会建设阶段。

在此阶段，循环经济通过全社会的废旧物资再生利用，实现消费过程中和消费过程后物质和能量的再循环。许多国家通常以循环经济立法的方式加以推进，最终实现建立循环型社会。

5.2 循环经济的含义、原则和特征

5.2.1 循环经济的含义

循环经济本质上是一种生态经济，提倡依照自然生态系统的模式组织经济活动，提出了一种强调经济和生态环境协调发展的新经济模式，即资源→产品→再生资源的反馈式经济运行模式。

关于循环经济的概念，迄今为止尚无权威性的表述。一般而言，循环经济是对物质闭环流动型经济的简称，在资源环境方面表现为资源高效利用，污染物低排放，甚至零排放。目前主要形成了以下几种代表性论述：

论述1：在《发展循环经济是21世纪的大趋势》中，曲格平提出所谓循环经济是把清洁生产和废物的综合利用融为一体的经济，本质上是一种生态经济，它要求运用生态学规律来指导人类社会的经济活动。简言之，循环经济是按照生态规律利用自然资源和环境容量，实现经济活动的生态化转向。循环经济是实施可持续发展的战略选择和重要保障。

论述 2：在《大力发展循环经济为全面建设小康社会做贡献》中，解振华认为循环经济是国际社会推进可持续发展的一种实践模式，它强调最有效利用资源和保护环境，表现为资源→产品→再生资源的经济增长方式，做到生产和消费污染物排放最小化、废物资源化和无害化，以最小成本获得最大的经济效益和环境效益。

论述 3：在《清洁生产、生态工业园和循环经济》中，段宁认为循环经济是对物质闭环流动型经济的简称。从物质流动的方向看，传统工业社会的经济是一种单向流动的线性经济，即资源→产品→废物。线性经济的增长，依靠的是高强度地开采和消耗资源，同时高强度地破坏生态环境。循环经济的增长模式是资源→产品→再生资源。

论述 4：德国出版的《循环经济和废物管理法》中，循环经济被定义为物质闭环流动型经济，企业生产者和产品交易者承担着维持循环经济发展的最主要责任。

论述 5：在《中华人民共和国循环经济促进法》中，循环经济被定义为将资源节约和环境保护结合到生产、消费和废物管理等过程中所进行的减量化、再利用和资源化活动的总称。减量化是指减少资源、能源的使用和废物产生、排放、处理处置的数量及毒性、种类等活动，还包括资源综合利用，不可再生资源、能源和有毒有害物质的替代使用等活动。再利用是在符合标准要求的前提下延长废旧物资或者物品生命周期的活动。资源化是指通过收集处理、加工制造、回收和综合利用等方式，将废弃物质或者物品作为再生资源使用的活动。在一般情况下，应当在综合考虑技术可行、经济合理和环境友好的条件下，按照减量化、再利用和资源化的先后次序，来发展循环经济。

综合上述观点，循环经济的含义应概括为：循环经济是运用生态学规律而不是机械论规律指导人类一切活动（包括经济活动和消费活动），合理利用自然资源和环境容量，由资源→产品→污染物排放的线性经济改变为资源→产品→再生资源的反馈式流程。由高开采、低利用、高排放改变为低开采、高利用、低排放。从循环经济定义可以看出，循环经济在经济运行形态上强调了资源→产品→再生资源的物质流动格局。在过程手段上，强调了减量化、再利用和资源化活动。发展循环经济可以最大限度地减少对资源过度消耗的依赖，保证对废物的正确处理和资源的回收利用，保障国家的环境安全，使经济社会走持续、健康发展的轨道。

循环经济本质上是一种生态经济，它要求运用生态学规律来指导人类社会的经济活动。循环经济与传统经济的差异在于：传统经济是一种资源→产品→废物单向流动的线性经济，其特征是高开采、低利用、高排放。在传统经济中，人们高强度地把地球上的物质和能源提取出来，然后又把污染物和废物毫无节制地排放到环境中去，对资源的利用是粗放性的，以牺牲环境来换取经济的数量增长。循环经济所倡导的是一种与环境友好的经济发展模式。它要求把经济活动组织成一个资源→产品→再生资源→再生产品的反馈式流程，其特征是低开采、高利用、低排放，把经济活动对自然环境的影响降低到尽可能小的程度。循环经济力求在经济发展中遵循生态学规律，将清洁生产、资源综合利用、生态设计等融为一体，实现废物减量化、资源化和无害化，达到经济系统和自然生态系统的物质和谐循环，维护自然生态平衡。简要来说，循环经济就是把清洁生产和废物的综合利用融为一体的经济，它本质上是一种生态经济，要求运用生态学规律来指导人类社会的经济活动。只有尊重生态学原理的经济才是可持续发展的经济。

循环经济从根本上消解了长期以来环境与发展之间的冲突。循环经济与传统经济的不同之处详见表5-1。

表5-1 循环经济与传统经济的比较

对比项目	传统经济	循环经济
运动方式	物质单向流动的开放性线性经济（资源→产品→废物）	循环型物质能量循环的环状经济（资源→产品→再生资源→再生产品）
对资源的利用状况	粗放型经营，一次性利用；高开采、低利用	资源循环利用，科学经营管理；低开采、高利用
废物排放及对环境影响	废物高排放；成本外部化，对环境不友好	废物零排放或低排放；对环境友好
追求目标	经济利益（产品利润最大化）	经济利益、环境利益和社会持续发展利益
经济增长方式	数量型增长	内涵型发展
环境治理方式	末端治理	预防为主，全过程控制
支持理论	政治经济学、福利经济学等传统经济学理论	生态系统理论、工业生态学理论等
评价指标	第一经济指标（GDP、GNP、人均消费等）	绿色核算体系（绿色GDP等）

循环经济的发展模式表现为低消耗、低污染、高利用率和高循环率，使物质资源得到充分、合理的利用，把经济活动对自然环境的影响降到尽可能小的程度，因此循环经济是符合可持续发展原则的经济发展模式，其内涵要求做到以下几点。

（1）要符合生态效率　把经济效益、社会效益和环境效益统一起来，使物质充分循环利用，做到物尽其用，这是循环经济发展的战略目标之一。循环经济的前提和本质是清洁生产，这一论点的理论基础是生态效率。生态效率追求物质和能源利用效率的最大化和废物产量的最小化，正是体现了循环经济对经济社会生活的本质要求。

（2）提高环境资源的配置效率　循环经济的根本就是保护日益稀缺的环境资源，提高环境资源的配置效率。它根据自然生态的有机循环原理，一方面通过将不同的工业企业、不同类别的产业之间形成类似于自然生态链的产业生态链，从而达到充分利用资源、减少废物产生、物质循环利用、消除环境破坏、提高经济发展规模和质量的目的；另一方面它通过两个或两个以上的生产体系或环节之间的系统耦合，使物质和能量多级利用、高效产出并持续利用。

（3）要求产业发展的集群化和生态化　大量企业的集群使集群内的经济要素和资源的配置率得到提高，达到效益的最大化。产业的集群容易在集群区域内形成有特殊的资源优势与产业优势和多类别的产业结构，这样才有可能形成核心的资源与核心的产业，形成生态工业产业链中的主导链，以此为基础，将其他类别的产业与之连接，组成生态工业网络系统。

从内涵上讲，循环经济不能简单地等同于再生利用，再生利用尚缺乏做到完全循环利用的技术，循环本质上是一种递减式循环，而且通常需要消耗能源，况且许多产品和材料是无法进行再生利用的。因此，真正的循环经济应力求减少进入生产和消费过程的物质量，从源头节约资源和减少污染物的排放，提高产品和服务的利用效率。

5.2.2　循环经济的基本原则

循环经济的基本原则是减量化（reduce）、再利用（reuse）、再循环（recycle），简称为"3R"原则。循环经济遵循3R原则的基本目的是使资源以最低的投入，达到最高效率的使用和最大限度的循环利用，从而实现污染物排放的最小化和人类经济活动的生态化，使经济活动与自然生态系统的物质循环规律相吻合，最终实现经济社会和生态环境的双赢。

（1）减量化原则　减量化原则目的是减少进入生产和消费流程的物质量。换言之，人们应学会预防废物的产生而不是产生后再治理。在生产过程中，厂商可通过减少每个产品的物质使用量、重新设计制造工艺来节约资源和减少污染物的排放。如对产品进行小型化设计和生产，既可以节约资源，又可以减少污染物的排放。再如采用光纤代替传统光缆，可以大幅度减少电话传输线对铜的使用，既节约铜资源，又减少铜污染。

（2）再利用原则　再利用原则属于过程性方法，目的是延长产品服务的时间，也就是说人们应尽可能多次或以多种方式使用生产和购买的物品。如在生产中，制造商可以使用标准尺寸进行设计，使电子产品的许多元件可以非常容易和便捷地更换，而不必更换整个产品。在生活中，人们在把一样物品扔掉之前，可以想一想家中、单位和其他人再利用它的可能性。通过再利用，人们可以防止物品过早地成为垃圾。

（3）再循环原则　再循环原则即资源化原则，即把废弃物变成二次资源重新利用。资源化能够减少末端处理的废物量，减小末端处理的压力，从而减少末端处理费用，既经济又环保。

需要指出的是，"3R"原则在循环经济中的作用、地位并不是并列的。循环经济不是简单地通过循环利用实现废物的资源化，而是强调在优先减少资源能源消耗和减少废物产生的基础上综合运用"3R"原则。循环经济的根本目标是要求在经济流程中系统地避免和减少废物，而废物再生利用只是减少废物量的最终处理方式之一。1996年，德国颁布实施的《循环经济·废物管理法》中明确规定了避免产生→循环利用→最终处置。首先，要减少源头污染物的产生量，因此产业界在生产阶段和消费者在使用阶段就要尽量避免各种废物的排放。其次，对于源头不能削减又可利用的废弃物和经过消费者使用的包装废物、旧货等要加以回收利用，使它们回到经济循环中去。只有当避免产生和回收利用都不能实现时，才允许将最终废物进行环境无害化处理。

"3R"原则的优先顺序是减量化→再利用→再循环。减量化原则优于再利用原则，再利用原则优于再循环原则。本质上再利用和再循环原则都是为减量化原则服务的。减量化原则是循环经济的第一原则，主张从生产源头，即输入端应有意识地节约资源、提高单位产品的资源利用率，目的是减少进入生产和消费过程的物质量、降低废弃物的产生量。因此，减量化是一种预防性措施，在"3R"原则中它是节约资源和减少废弃物产生的最有效方法。

再利用原则优于再循环原则，与再循环相比，再利用原则的特点是：首先，它是循环经济的第二原则，属于过程性方法。为防止物品过早地成为废物，在生产和消费过程中应尽可能多次使用或以多种方式使用所投入的原材料或购买的产品。其次，再利用原则是避免产生废物的方法之一，是一种预防性措施。依据再利用原则，生产企业在生产中，应引入生态设计理念，尽可能采用标准化方式进行产品设计和生产加工，以便于设备的维修和升级换代，从而延长其使用寿命；在消费中应鼓励消费者购买可重复使用的物品，或将淘汰的旧物品返回旧货市场供他人使用。

再循环原则本质上是一种末端治理方式，它是循环经济的第三原则，属于终端控制方法。废物的再生利用虽然可以减少废物的最终处理量，但不一定可以减少经济过程中物质和能量的流动速度和强度。有些废物无法直接回收利用，要通过加工处理使其变成不同类型的新产品才能重新利用。再生利用技术是实现废弃物资源化的处理技术，该技术处理废弃物也需要消耗水、电和化石能源等物质，所需的成本较高，同时在此过程中也会产生新的废弃物。

5.2.3　循环经济的基本特征

循环经济的技术是以提高资源利用效率为基础，以资源的再生、循环利用和无害化处理为手段，以经济社会可持续发展为目标，推进生态环境保护。循环经济的特征主要包括以下四方面：第一，循环经济可提高资源利用效率，减少生产过程的资源和能源消耗。这既是提高经济效益的重要基础，也是减少污染排放的重要前提。第二，循环经济可延长和拓宽生产技术链，尽可能地在生产企业内利用污染物，以减少生产过程中污染物的排放。第三，循环经济要求对生产和生活中用过的废旧产品进行全面回收，可以重复利用的废弃物通过技术处理作为二次资源循环使用。这将最大限度地减少初次资源的开采和利用，最大限度地节约利用不可再生资源，最大限度地减少废弃物的排放。第四，循环经济要求生产企业对无法处理的废弃物进行集中回收和处理，从而扩大环保产业和资源再生产业。

5.2.4　实现循环经济的技术手段

实现循环经济需要有技术保障，循环经济的技术载体是环境无害化或环境友好技术。环境无害化技术的特征是合理利用资源和能源，实施清洁生产，减少污染排放，尽可能地回收废物和产品，并以环境可接受方式处置残余的废物。环境无害化技术主要包括预防污染的少废或无废的工艺技术和产品技术，但同时也包括治理污染的末端技术。具体来说，实现循环经济的技术手段主要包括清洁生产技术手段、废物利用技术手段和污染治理技术手段三种。

（1）清洁生产技术手段　清洁生产技术是一种无废、少废生产的技术，通过这些技术实现产品的绿色化和生产过程向零排放迈进，它是环境无害化技术体系的核心。清洁生产技术包括清洁的原料、清洁的生产工艺和清洁的产品三方面的内容，即不仅要实现生产过程的无污染或少污染，而且生产的产品在使用和最终处置过程中也不会对环境造成损害。当然清洁生产技术不但要求技术上的可行性，还需要经济上的可营利性，才可能实施。

（2）废物利用技术手段　废物利用技术是进行废物再利用的技术，通过这些技术实现废物的资源化处理，并达到产业化目标。目前比较成熟的废物利用技术有废纸加工再生技术、废玻璃加工再生技术、废塑料转化成汽油和柴油技术、有机垃圾制成复合肥料技术、废电池等有害废物回收利用技术等。如德国瑞斯曼资源回收利用公司是一家由货运事业转移过来的废物再生利用公司，他们声称已掌握了将各种废物资源化处理的技术。

（3）污染治理技术手段　污染治理技术是针对生产及消费过程中产生的污染物质通过废物净化装置来实现有毒、有害废物的净化处理，其特点是不改变现有生产系统或工艺程序，只是在生产过程的末端通过净化废物实现污染控制。废物净化处理的环保产业正成为一个新兴的产业部门迅速发展。污染治理技术主要包括水污染控制技术、大气污染控制技术、固体废弃物处理技术、噪声污染防治技术和交通工具运行过程中产生废物治理技术。

参考文献

[1]　曲向荣，李辉，王俭.循环经济 [M].北京：机械工业出版社，2012.

[2]　曲向荣.清洁生产与循环经济 [M].北京：清华大学出版社，2011.

[3]　陈宗兴，刘燕华 . 循环经济与国民经济建设 [M]. 沈阳：辽宁科学技术出版社，2007.

[4]　李伟 . 我国循环经济发展模式研究 [M]. 北京：中国经济出版社，2017

[5]　马歆，郭福 . 循环经济理论与实践 [M]. 北京：中国经济出版社，2018.

[6]　康丛凌，邵炜 . 循环经济创造未来 [M]. 上海：上海世界图书出版公司，2016.

[7]　窦睿音 . 资源型城市循环经济发展路径研究 [M]. 北京：经济科学出版社，2020.

[8]　艾良友 . 创新驱动循环经济发展研究 [M]. 北京：科学出版社，2018.

[9]　罗长青 . 论区域经济的可持续发展 [J]. 全国流通经济，2023（6）：136–139.

[10]　周缘，贺文麒，蒋燕 . 海洋污染现状及其对策 [J]. 科技创新与应用，2020（2）：127–128.

[11]　陈静考 . 固体废物减量之清洁生产管理制度 [J]. 资源节约与环保，2019（9）：135–138.

[12]　王承宾 . 试论清洁生产在环境影响评价中的应用 [J]. 科学技术创新，2019（18）：176–177.

[13]　赵洁 . 推进生态文明教育和"三全育人"相结合 [J]. 社会主义论坛，2022（7）：46–47.

[14]　张爽 . 城市自来水定价机制研究：基于可持续发展理论的探讨 [D]. 天津：天津商业大学，2011.

第6章 循环经济的理论基础

循环经济理论诞生于20世纪60年代，是传统经济学和现代生态学碰撞、融合，并在可持续发展理念和科学发展观的促进下逐步向前发展的。目前，循环经济的理论还没有完全形成一个系统的体系，它仍是一个多种学科、多种理论交叉的"边缘"理论，它所涉及的基础理论包括可持续发展的基本理论、生态学的基本理论和经济学的基本理论等。

6.1 生态学理论

6.1.1 生态学的含义

生态学一词来源于希腊文，其含义为住所或栖息地，是一门关于居住环境的科学。1866年，德国生物学家E·海克尔在《普通生物形态学》一书中，第一次提出生态学概念，并将其定义为研究生物与其环境关系的科学。

我国著名生态学家马世骏教授将生态学定义为：研究生物与环境之间相互关系及其作用机理的科学。目前，大多数学者们普遍采用的定义为：生态学是一门研究生物与生物、生物与其环境之间的相互关系及其作用机理的科学。

对于生态学的发展，可分为分支学科和独立综合性学科两个阶段。

阶段1：作为生物学的分支学科阶段。

20世纪60年代以前，生态学仅仅局限于研究生物与环境之间的相互作用关系，属于生物学的一个分支学科。生态学最初主要是研究生物类群与环境相互关系，因此出现了植物生态学、动物生态学和微生物生态学等学科，进而以生物有机体的组织层次与环境的相互关系为研究对象，出现了个体生态学、种群生态学和生态系统生态学等学科。个体生态学是研究各种生态因素对生物个体的影响。各种生态因素包括阳光、大气、水分、温度、湿度、土壤、环境中的其他相关生物等。各种生态因素对生物个体的影响主要表现在引起生物个体生长发育、繁殖能力和行为方式的改变等方面。种群是指同一时空条件下，由同种生物个体组成的生物集合体。种群生态学主要研究种群与其生存环境相互作用下，种群的空间分布特征和数量变动的规律。生态系统生态学主要研究生物群落与其生存环境相互作用下，生态系统结构和功能的变化及其稳定性。

阶段2：独立综合性学科阶段。

20世纪50年代后期，由于工业快速发展、人口急剧膨胀，粮食严重短缺、环境污染、资源紧张等世界性环境问题出现，迫使人们不得不寻求协调人类与自然的关系，探求全球可持续发展的新途径，人们期望生态学能做出应有的贡献，从而推动了生态学发展。

随着现代科学技术向生态学的不断渗透发展，生态学突破了原有生物科学的范畴，被赋予了新的内容和动力，成为当代最活跃的领域之一。在基础研究方面，生态学已趋于向定性和定量相结合、宏观与微观相结合的方向发展，并进一步研究生物与环境之间的内在联系，达到了一个新的水平。同时，由于生态学与相邻学科的相互交融，也产生了若干个新的学科生长点。如生态学与数学相结合形成了数学生态学。数学生态学不仅为阐明复杂生态系统提供有效的工具，而且数学的抽象和推理也有助于对生态系统复杂现象的解释和有关规律的探求，这必将导致生态学新理论和新方法的出现。生态学与化学相结合形成化学生态学。化学生态学不仅可以揭示生物与环境之间相互作用的实质，而且在探求有害生物防治方面提供了有效的手段。

随着一系列社会经济问题和环境问题的出现，迫使人们在运用经济规律解决问题的同时，也去积极主动地探索对生态规律的应用。此时，生态学与经济学、社会学相互渗透，使生态学出现了突破性的新进展。生态学不仅研究生物圈内生物与环境的辩证关系及其相互作用的规律和机理，而且研究人类活动与自然环境的关系，研究人类与社会环境的相互作用关系。研究人类与其生存环境关系及其相互作用规律的科学，称为人类生态学。人类生态学包括众多分支学科，如研究人类与社会环境的关系及其相互作用规律形成了社会生态学，研究人类与经济、政治、教育环境的关系则分别形成了经济生态学、政治生态学和教育生态学等，研究城市居民与城市环境的关系及其相互作用的规律形成了城市生态学，研究人类与工业环境的关系及其相互作用的规律形成了工业生态学，研究人类与农业环境的关系及其相互作用的规律形成了农业生态学等。

目前，生态学在原有学科理论和方法的基础上，正以前所未有的速度与自然科学和社会科学相互渗透，向纵深发展并不断拓宽研究领域。生态学以生态系统为中心，为协调人与人、人与自然的复杂关系，探求全球的可持续发展之路，建设和谐社会做出重要的贡献。

6.1.2 生态系统的含义、组成、结构和类型

（1）生态系统的含义 生态系统是由英国植物群落学家A.G·坦斯莱在20世纪30年代提出的。生态系统的研究内容与人类的关系非常密切，对人类的活动具有重要的指导意义，因此，生态系统在20世纪50年代后得到了广泛传播，到20世纪60年代后逐渐成为生态学研究的中心。

生态系统是生态学中最重要的一个概念，也是自然界最重要的功能单位。生态系统是指在一定的空间中共同栖居着的所有生物与其环境之间由于不断地进行物质与能量流动过程而形成的统一整体。如果将生态系统用一个简单明了的公式概括可表示为：生态系统=生物环境+非生物环境。

（2）生态系统的组成 生态系统是一定空间内由生物成分和非生物成分组成的一个生态学功能单位，包括两大成分和四种基本成分。两大成分是指生物成分和非生物成分，四种基本成分是指非生物环境和生产者、消费者与分解者，如图6-1所示。

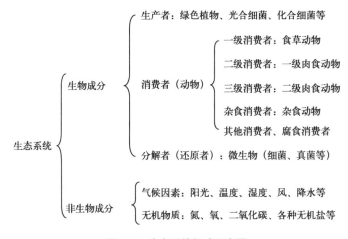

图6-1 生态系统组成示意图

生态系统的生物成分主要包括生产者、消费者和分解者，它们的类别和功能如下：

① 生产者主要是绿色植物，包括所有进行光合作用的高等植物、藻类和地衣等。这些绿色植物含有光合作用色素，可利用太阳能把二氧化碳和水合成有机物，同时释放出氧气。除绿色植物以外，还有利用太阳能和化学能把无机物转化为有机物的光能自养微生物和化学能自养微生物。生产者在生态系统中不仅可以生产有机物，而且也能将无机物合成有机物的同时，把太阳能转化为化学能，储存在生成的有机物当中。生产者产生有机物和储存化学能，一方面可供其自身生长发育的需要，另一方面，用来维持其他生物全部生命活动的需要，是其他生物类群包括人类在内的食物和能源的供应者。

② 消费者主要是以其他生物为食，自己不能生产食物的动物，只能直接或间接地依赖于生产者制造的有机物获得能量。消费者可分为：一级消费者、二级消费者、三级消费者和四级消费者。一级消费者也称初级消费者，直接依赖生产者为生，包括所有的食草动物，如牛、马、兔、池塘中的草鱼以及许多陆生昆虫等。二级消费者也称次级消费者，是以食草动物为食的食肉动物，如鸟类、青蛙、蜘蛛、蛇、狐狸等。食肉动物之间又是弱肉强食。三级、四级消费者通常是生物群落中体型较大、性情凶猛的种类。另外，消费者中最常见的是杂食消费者，介于草食性动物和肉食性动物之间，同时食植物和动物，如猪、鲤鱼、大型兽类中的熊等。

消费者在生态系统中具有传递物质和能量的双重作用。如草原生态系统中的青草、野兔和狼，其中，野兔就起着把青草制造的有机物和储存的能量传递给狼的作用。消费者的另一个作用是实现物质的再生产，如草食性动物可以把草本植物的植物性蛋白再生产为动物性蛋白，因此，消费者又可称为次级生产者。

③ 分解者也称还原者，主要包括细菌、真菌、放线菌等微生物以及土壤原生动物和小型无脊椎动物。这些分解者的作用是把生产者和消费者的残体分解为简单的物质，最终以无机物的形式回归环境，供生产者再利用。因此，分解者对生态系统中的物质循环具有非常重要的作用。

生态系统内的非生物成分是指生物生活的场所，是物质和能量的源泉，也是物质和能量交换的地方。非生物部分具体包括气候因子（如阳光、温度、湿度、风和降水等）、无机物质（如氮、氧、二氧化碳和各种无机盐等）和有机物质（如碳水化合物、蛋白质、腐殖质和脂类等）三类。在生态系统中，非生物成分可为各种生物提供必要的生存环境，同时也为各种生物提供必要的营养元素，被称为生命支持系统。

（3）生态系统的结构 生态系统的各个组成部分，生物种类、数量和空间配置，在一定时期均处于相对稳定的状态，使生态系统能够保持一个相对稳定的结构。生态系统结构主要包括形态结构和营养结构两种。

① 形态结构。生态系统的形态结构是指生物成分在空间、时间上的配置情况，进一步分为空间结构和时间结构。空间结构是生物群落的空间格局状况，包括群落的垂直结构和水平结构。如一个森林生态系统，在空间分布上，自上而下具有明显的成层现象，地上有乔木、灌木、草本植物、苔藓植物，地下有深根系、浅根系及根系微生物和微小动物。在森林中栖息的各种动物，也都有其相对的空间位置，如在树上筑巢的鸟类，在地面行走的兽类和在地下打洞的鼠类等。在水平分布上，林缘、林内植物和动物的分布也呈现出明显的不同。

时间结构主要是指同一个生态系统，在不同的时期，表现出不同的规律特征。如长白山的森林生态系统，冬季满山白雪覆盖，到处是一片林海雪原。春季冰雪融化，绿草如茵。夏季鲜花遍野，五彩缤纷。秋季又是果实累累，气象万千。不仅在不同的季节有着不同的季相变化，就是昼夜之间，其形态也会表现出明显的差异性。

② 营养结构。生态系统各组成成分之间，通过营养关联构成了生态系统的营养结构，其模式可采用图6-2表示。

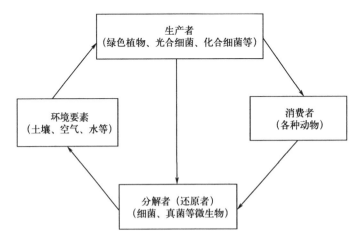

图6-2 生态系统营养结构示意图

生产者可分别向消费者和分解者提供营养，消费者也可向分解者提供营养，分解者则把生产者和消费者以动植物残体形式提供的营养分解为简单的无机物质回归环境，通过环境再供给生产者利用，这就是物质在生态系统中的循环过程，也是生态系统营养结构的表现形式。由于不同生态系统的组成成分不同，其营养结构的具体表现形式也存在差异。如鱼塘生态系统的生产者是藻类、水草，消费者是鱼类，分解者是鱼塘微生物，环境则是水、水中空气和底泥。而森林生态系统的生产者是森林、草本植物，消费者是栖息在森林中的各种动物，分解者是森林微生物，环境则是森林土壤、空气和水。

（4）生态系统的类型　自然界中的生态系统是多种多样的，为了便于研究，人们从不同角度将生态系统分成了若干类型。

① 按照生态系统的生物成分划分。按照生态系统的生物成分，可将生态系统分为植物生态系统（如森林、草原等生态系统）、动物生态系统（如鱼塘、畜牧等生态系统）、微生物生态系统（如落叶层、活性污泥等生态系统）和人类生态系统（如城市、乡村等生态系统）四种。

② 按照环境中的水体状况划分。按照环境中的水体状况，可将生态系统划分为陆生生态系统和水生生态系统两大类。陆生生态系统可进一步分为荒漠生态系统、草原生态系统、稀树干草原和森林生态系统等。水生生态系统也可进一步分为淡水生态系统和海洋生态系统。而淡水生态系统又包括江、河等流水生态系统和湖泊、水库等静水生态系统。海洋生态系统则包括滨海生态系统和大洋生态系统等。

③ 按照人为干预的程度划分。按照人为干预的程度划分，可将生态系统分为自然生态系统、半自然生态系统和人工生态系统。自然生态系统指没有或基本上没有受到人为干预的生态系统，如原始森林、未经放牧的草原、自然湖泊等。半自然生态系统指虽然受到人为干预，但其环境仍保持一定自然状态的生态系统，如人工种植过的森林，经过放牧的草原，养殖用的湖泊等。人工生态系统指完全按照人的意愿，有目的、有计划地建立的生态系统，如城市、工厂和乡村等。

6.1.3　生态系统的功能

生态系统具有一定的能量流动、物质循环和信息传递三大功能，食物链和营养级则是实现这三大功能的基本保证。

（1）**食物链** 生态系统中各种生物以食物为联系建立起来的链锁，称为食物链。按照生物间的相互关系，一般可分为捕食性食物链、腐食性食物链和寄生性食物链三种。捕食性食物链是以生产者为基础，其构成形式为植物→食草动物→食肉动物，后者捕食前者。如在草原生态系统中，食物链为青草→野兔→狐狸→狼。在湖泊生态系统中，食物链为藻类→甲壳类→小鱼→大鱼。腐食性食物链是以动植物遗体为基础，由细菌、真菌等微生物或某些动物对其进行腐殖质化或矿化，如植物遗体→蚯蚓→线虫类→节肢动物。寄生性食物链是以活的动植物有机体为基础，再寄生在寄生生物，前者为后者的寄主，如牧草→黄鼠→跳蚤→鼠疫菌。

在生态系统中，三种食物链几乎同时存在，各种食物链相互配合，从而保证了能量在生态系统内畅通流动。

生态系统中的食物链往往是交叉连锁，很少是单独孤立出现，它形成复杂的网络结构，称为食物网。如在田间的田鼠可能吃好几种植物的种子，而田鼠也是好几种肉食动物的捕食对象，每一种肉食动物又以多种动物为食等。食物网是自然界普遍存在的现象，生产者制造有机物，各级消费者消耗这些有机物，生产者和消费者之间相互矛盾，又相互依存。无论生产者还是消费者，其中某一种群数量突然发生变化，必然牵动整个食物网，在食物链上反映出来。生态系统中各生物成分间正是通过食物网发生直接或间接的联系，保持着生态系统结构和功能的稳定性。食物链上某一环节的变化往往会引起整个食物链的变化，从而影响生态系统的结构。

（2）**营养级** 食物链上各个环节被称为营养级。一个营养级是指处于食物链某一环节上的所有生物总和。如作为生产者的绿色植物和所有自养生物位于食物链的起点，共同构成第一营养级。所有以生产者为食的动物营养级属于第二营养级。第三营养级包括所有以草食动物为食的肉食动物。由于能流在通过营养级时会急剧减少，所以食物链就不可能太长，生态系统中的营养级一般只有四五级。

通过对捕食者和被捕食者之间关系的研究，在输入到第一营养级的能量中，少部分能量流通到下一营养级，其余为呼吸作用消耗。能量通过营养级逐渐减少，在营养级序列上，上一营养级总是依赖于下一营养级，下一营养级只能满足上一营养级中少数消费者的需要。逐级向上，营养级的物质能量呈阶梯状递减，形成一个下部宽、上部窄的尖塔形，称为生态金字塔。

能量在生态金字塔内的传递中，通常遵循1/10规律递减，从一个营养级到另一个营养级的能量转化率为10%左右，称为生态金字塔的1/10定律，如图6-3所示。此外，生态金字塔还可表示生物量、数量的递减关系。

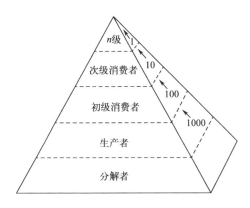

图 6-3　生态金字塔能量 1/10 递减规律示意图

（3）生态系统的三大功能　生态系统通过食物链和营养级，实现了能量流动、物质循环和信息传递三大功能，具体如下：

① 能量流动。能量是一切生命活动的基础，是生态系统的动力。一切生命活动都需要能量，并且伴随着能量的转化，太阳是生态系统中能量的最终来源。能量以动能和潜能两种形式存在于生物体内。动能是生物及其生存环境之间以传导和对流的形式相互传递的一种能量，包括热和辐射。潜能是蕴藏在生物体中分子键内的处于相对静态的能量。太阳能是通过植物光合作用而转化为潜能并储存在有机分子键内的。太阳能首先转化为植物的化学能，然后通过食物链，使能量在各级消费者之间流动，构成了能流。能流是单向性的，每经过食物链的一个环节，能流就会有不同程度的散失，食物链越长，散失的能量就必然越多。由于生态系统中的能量在流动中是层层递减的，所以需要由太阳不断补充能流，生态系统才能正常维持。

生态系统中全部生命活动所需要的能量均来自太阳。太阳能是通过绿色植物的光合作用被生物利用，光合作用的化学方程式如式（6-1）所示：

$$6CO_2 + 6H_2O \xrightarrow[\text{光和色素}]{1617.8\,\text{kJ}} C_6H_{12}O_6 + 6O_2 \uparrow \qquad (6-1)$$

绿色植物的光合作用在合成有机物的同时将太阳能转变成化学能，储存在有机物中。绿色植物体内储存的能量，通过食物链，在传递营养物质的同时，依次传递给食草动物和食肉动物。动植物的残体被分解者分解时，又把能量传递给分解者。

此外，生产者、消费者和分解者的呼吸作用都会消耗一部分能量，消耗的能量被释放到环境中去，以此构成了能量在生态系统中的流动，如图6-4所示。

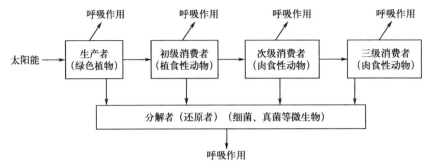

图6-4　生态系统的能量流动示意图

能量在生态系统内的流动具有五个特点。第一，就整个生态系统而言，生物所含能量是逐级减少的。第二，在自然生态系统中，太阳是唯一的能源。第三，生态系统中能量的转移受各类生物的驱动，可直接影响能量的流速和规模。第四，生态系统的能量一旦通过呼吸作用转化为热能，散逸到环境中去，就不能再被生物所利用。因此，系统中的能量呈单向流动，不能循环。第五，在能量流动过程中，能量的利用效率基本按照"1/10定律"逐级递减。也就是说，从一个营养级到另一个营养级的能量转化率为10%，能量流动过程中有90%的能量损失掉了，这也是营养级通常不超过6级的原因所在。

② 物质循环。生命的维持不仅依赖于能量的供应，也依赖于各种营养元素的供应。在多种营养元素中，碳（C）、氢（H）和氧（O）三种元素需要量最大，最为重要，占生物总质量的95%左右。需要量很小的微量元素如硼（B）、铜（Cu）、锌（Zn）等也必不可少。生物所需要的碳水化合物虽然可以通过光合作用利用H_2O和CO_2来合成，但是还需要其他一些元素如氮（N）、磷（P）、钾（K）、钙（Ca）和镁（Mg）等参与叶绿素的合成。

生态系统中的物质主要是指生物为维持生命所需的各种营养元素，它们在各个营养级之间传递，构成物质流。物质从大气、水域或土壤中，通过以绿色植物为代表的生产者吸收进入食物链，然后转移到食草动物和食肉动物等消费者，最后被以微生物为代表的分解者分解转化回到环境中。这些释放出的物质又再一次被植物利用，重新进入食物链，这个过程称为生态系统的物质循环。

生物在地球上主要存在于生物圈、大气圈、岩石圈和水圈范围内，这四大圈彼此之间不断进行着各种物质的交换。生态系统的物质循环主要包括水循环、碳循环、氮循环和硫循环。

a.水循环。水是一切生命有机体的主要成分，是生命过程中氢的主要来源。同时，水也是生态系统中能量流动和物质循环的重要介质，整个生命活动处于无限的水循环之中。水循环的动力是太阳辐射。自然界中的水并不是静止不动的，在太阳辐射及地球引力的作用下，水的形态不断发生由液态－气态－液态的循环变化，并在海洋、大气和陆地之间不停息地运动，从而形成了水的自然循环。例如，海水蒸发为云，随气流迁移到内陆，与冷气流相遇，凝为雨雪而降落，称为降水。水循环主要是在地表水的蒸发与大气降水之间进行的。海洋、湖泊、河流等地表水通过蒸发进入大气，植物吸收到体内的大部分水分通过蒸发和蒸腾作用也进入大气。在大气中水分遇冷，形成雨、雪、雹，重新返回地面，一部分直接进入海洋、河流和湖泊等水域中，一部分降水沿地表流动，汇于江河湖泊，另一部分渗于地下，形成地下水流。在流动过程中，三部分水不时地相互转化或补给，最后又复归大海，如图6-5所示。

在海洋与陆地之间全球范围的水分运动，称为大循环或海陆循环，它是陆地水资源形成和赋存的基本条件，是海洋向陆地输送水分的主要作用。仅发生在海洋或陆地范围内的水分运动，称为小循环。不论何种循环，使水蒸发的基本动力是太阳热能，使云气运动的动力是密度差。自然界水分的循环和运动是陆地淡水资源形成、存在和永续利用的基本条件。

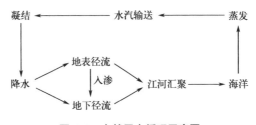

图 6-5　自然界水循环示意图

b.碳循环。碳是一切生物体中最基本的成分，占有机体干重的45%以上。无机环境中，碳主要是以二氧化碳和碳酸盐形式存在。碳循环形式是从大气中二氧化碳开始，经过生产者的光合作用，将碳固定，生成糖类，然后经过消费者和分解者，在呼吸和残体腐败分解后，再回到大气储存库中。

海洋也是碳的另一个储存库，含碳量为大气50倍，更重要的是海洋对调节大气的碳含量起着重要的作用。在水体中，同样由水生植物将大气中扩散到水上层的二氧化碳固定转化为糖类，通过食物链经消化合成，各种水生动植物经呼吸作用又释放CO_2进入大气。动植物残体埋入水底，其中的碳也可以借助于岩石的风化和溶解、火山爆发等返回大气圈。有的部分则转化为化石燃料，燃烧过程使大气中的CO_2含量增加。生态系统内的碳循环见图6-6。

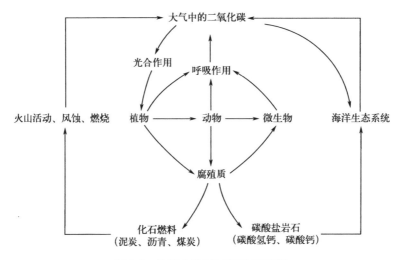

图6-6　生态系统中的碳循环示意图

c.氮循环。氮是生命系统的重要元素之一。虽然氮在大气中的含量非常丰富，占78%，但是氮气是一种惰性气体，植物不能直接利用。因此，大气中的氮对生态系统来说，必须通过固氮作用将游离氮与氧结合成为硝酸盐或亚硝酸盐，或与氢结合成氨才能为大部分生物所利用，参与蛋白质的合成。固氮作用主要通过生物固氮、工业固氮和自然固氮三种途径来实现。生物固氮是最重要的一种固氮途径，大约占地球固氮的90%。能够进行固氮的生物主要是固氮菌，例如与豆科植物共生的根瘤菌和蓝藻等自养和异养微生物。

工业固氮是人类通过工业手段，将大气中的氮合成氨和铵盐，即合成氨肥供植物利用。自然固氮是通过闪电、宇宙射线、陨石和火山爆发活动等实现高能量固氮，形成氨或硝酸盐，随降雨到达地球表面。

106

氮在生态系统中的循环可用图6-7来表示。植物从土壤中吸收无机态的氮，主要是硝酸盐，用作合成蛋白质的原料，使环境中的氮进入了生态系统。植物中的一部分氮为草食动物食用，合成动物蛋白质。在动物代谢过程中，一部分蛋白质分解为含氮的排泄物（尿素、尿酸），再经过细菌的作用，分解释放出氮。动植物死亡后经微生物等分解者的分解作用，使有机态氮转化为无机态氮，形成硝酸盐。硝酸盐再为植物所利用，继续参与循环，也可被反硝化细菌作用，形成氮气，返回大气中。因此，含氮有机物的转化和分解过程主要包括氨化作用、硝化作用和反硝化作用。

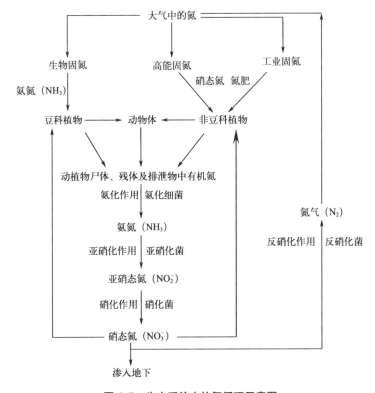

图 6-7　生态系统中的氮循环示意图

自然生态系统中，一方面通过各种固氮作用使氮素进入物质循环，另一方面又通过反硝化作用、淋溶沉积作用等使氮素不断重返大气，从而使氮的循环处于一种平衡状态。

d.硫循环。硫虽在生物有机体内含量较少，却十分重要。许多蛋白质和氨基酸都含有硫元素。硫主要储存于岩石中，以硫化亚铁（FeS_2）的形式存在。硫循环有一个长期沉积阶段和一个较短的气体阶段。在沉积阶段中，硫存在于有机和无机沉积物中，只有通过风化作用和分解作用才能被释放出来，并以盐溶液的形式被携带到陆地和水生生态系统。在气体阶段，可在全球范围内进行循环流动。硫在生态系统内的循环见图6-8。

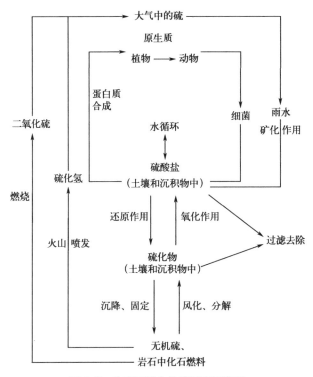

图 6-8　生态系统中的硫循环示意图

岩石中的硫可通过燃烧矿石燃料、火山爆发、海面散发和在分解过程中释放的气体等形式进入大气。煤和石油中都含有较多的硫，燃烧时硫被氧化成二氧化硫（SO_2）进入大气。SO_2溶于水，随降水到达地面成为弱硫酸。溶解态硫可能被植物吸收、利用，转化为氨基酸和蛋白质的成分，然后以有机形式通过食物链移动，最后随着动物排泄物和动植物残体的腐烂、分解，硫酸盐又被释放出来，回到土壤或水体底部，通常可被植物再利用，但也可能被厌氧水生细菌还原成H_2S，把硫释放出来。

由于硫在大气中滞留的时间短，在任何一段时期内，进入大气的数量大致等于离开的数量。然而，硫循环的非气体部分，在目前还处于不完全平衡的状态，因为经有机沉积物的埋藏进入岩石圈的硫少于从岩石圈输出的硫。

③ 信息传递。在生态系统的各组成部分之间及各组成部分的内部，存在着各种形式的信息联系，这些信息使生态系统联系成为一个有机整体。生态系统中的信息形式主要有物理信息、化学信息、行为信息和营养信息。

a.物理信息。物理信息由各种声音、颜色、光、电等构成。例如鸟鸣、兽吼可以传达惊慌、警告、嫌恶、有无食物和寻求配偶等各种信息。大雁迁飞时，中途停歇，总会有一只"哨兵"担任警卫，一旦"哨兵"发现"敌情"，即会发出一种特殊的鸣声，向同伴传达出敌袭的信息，雁群即刻起飞。昆虫可以根据花的颜色判断有无花蜜。以浮游藻类为食的鱼类，由于光线越强，食物越多，所以光可以传递有食物的信息。

b.化学信息。化学信息是指生态系统各个层次生物代谢产生的化学物质参与传递信息，协调各种功能。如某些高等动物及群居性昆虫，在遇到危险时，能释放出一种或几种化合物作为信号，以警告种群内其他个体有危险来临。还有许多动物能向体外分泌性信息素来吸引异性。在植物群落中，一种植物通过某些化学物质的分泌和排泄而影响另一种植物的生长甚至生存的现象是很普遍的。此外，有些植物通过分泌化学亲和物质，使其在一起相互促进生长，如作物中的洋葱与食用甜菜、马铃薯与菜豆、小麦和豌豆种在一起能相互促进。

c.行为信息。行为信息指的是动植物的异常表现和异常行为传递的某种信息。无论是同一种群还是不同种群，它们的个体之间都存在行为信息的表现，不同的行为动作传递不同的信息。如蜜蜂发现蜜源时，就有舞蹈动作的表现，以告诉其他蜜蜂去采蜜。蜂舞有各种形态和动作，用来表示蜜源的远近和方向，若蜜源较近时，蜜蜂作圆舞姿态，蜜源较远时，作摆尾舞。其他工蜂则以触觉来感觉舞蹈的步伐，得到正确飞翔方向的信息。又如燕子在求偶时，雄燕会围绕雌燕在空中做出特殊的飞行形式。

d.营养信息。营养信息由食物和养分构成。通过营养交换的形式，可以将信息从一个种群传递给另一个种群。在生态系统中生物的食物链就是一个生物的营养信息系统，各种生物通过营养信息关系联系成一个相互依存和相互制约的整体。食物链中的各级生物要求有一定的比例关系，即生态金字塔规律，养活一只草食性动物需要几倍于它的植物，养活一只肉食性动物需要几倍数量的草食性动物。前一个营养级的生物数量反映出后一个营养级的生物数量。如在草原牧区，草原的载畜量必须根据牧草的生长量而定，使牲畜数量和牧草产量相适应。如果不顾牧草提供的营养信息，超载放牧，就必定会因牧草饲料不足而使牲畜生长不良和引起草原退化。

6.1.4 生态平衡

（1）生态平衡的定义 生态系统在特定时间状态下，其结构和功能相对稳定，物质和能量输入输出接近平衡，在外来干扰下，可通过自调控回到最初的稳定状态。因此，所谓生态平衡是指在一定时期内，系统内生产者、消费者和分解者之间保持着一种动态平衡，系统内的能量流动和物质平衡在较长时期内保持稳定，这种状态就是生态平衡，又称自然平衡。也就是说，生态平衡应包括三个方面，即结构上的平衡，功能上的平衡，以及物质输入与输出数量上的平衡。

生态系统可以耐受一定程度的外界压力，并且通过自我调节机制而恢复其相对平衡，若超出限度值，生态系统的自我调节机制就降低或消失，这种相对平衡就遭到破坏甚至使系统崩溃，这个限度就称为生态阈值。生态阈值的大小决定于生态系统的成熟性，系统越成熟，阈值越高。反之，系统结构越简单、功能效率不高，对外界压力的反应越敏感，抵御剧烈生态变化的能力较脆弱，阈值就越低。

（2）生态破坏的定义 生态破坏是指人类不合理地开发、利用造成森林、草原等自然生态环境遭到破坏，从而使人类、动物、植物的生存条件发生恶化的现象，如水土流失、土地荒漠化、土壤盐碱化、生物多样性减少等。环境破坏造成的后果往往需要很长的时间才能恢复，有些甚至是不可逆的。当一个生态系统遭到破坏时，特定状态下不能维持其稳定的结构和功能。因此，可以从生态系统的结构和功能两方面来衡量生态是否遭到破坏。生态破坏首先表现在其结构上，包括一级结构缺损和二级结构变化。一级结构指的是生态系统的各组成成分，即生产者、消费者、分解者和非生物成分组成的生态系统的结构。当一级结构的某种成分缺损时，生态系统遭到破坏。如一个森林生态系统由于毁林开荒，森林这一生产者消失，造成各级消费者因栖息地被破坏，食物来源枯竭，必将被迫转移或者消失。分解者也会因生产者和消费者残体大量减少而减少，甚至会因水土流失加剧被冲出原有的生态系统，从而导致该森林生态系统崩溃。生态系统的二级结构是指生产者、消费者、分解者和非生物成分各自所组成的结构，如各种植物种类组成生产者的结构、各种动物种类组成消费者的结构等。二级结构变化是指组成二级结构的各种组分发生变化。如一个草原生态系统经长期超载放牧，使得适口性的优质草类大大减少，有毒的、带刺的劣质草类增加，草原生态系统的生产者种类发生变化，并由此导致该草原生态系统载畜量下降，持续下去，将导致该草原生态系统崩溃。

生态破坏表现在功能上的标志，主要包括能量流动受阻和物质循环中断。能量流动受阻是指能量流动在某一营养级受到阻碍，无法继续传递下去。如森林被砍伐后，生产者对太阳能的利用会大大减少，即能量流动在第一营养级受阻，森林生态系统会因此而失衡。物质循环中断是指物质循环在某一流动环节中断。如草原生态系统，枯枝落叶和牲畜粪便被微生物分解后，把营养物质重新归还给土壤，供生产者使用，是保持草原生态系统物质循环的重要环节。但如果枯枝落叶和牲畜粪便被用作燃料烧掉，其营养物质不能归还土壤，造成物质循环中断，长期下去土壤肥力必然下降，草本植物的生产力也会随之降低，草原生态系统的平衡就会遭到破坏。

对于造成生态破坏的因素，主要包括自然因素和人为因素两种。换句话说，这也是影响生态平衡的两种因素。自然因素如火山喷发、海陆变迁、雷击火灾、海啸地震、洪水和泥石流以及地壳变迁等，这些都是自然界发生的异常现象，对生态系统的破坏是严重的，甚至可使其彻底毁灭，具有突发性的特点。但这类因素是局部的，出现的频率并不高。

在人类改造自然界能力不断提高的当今时代，人为因素是造成生态破坏的主要因素，具体包括以下三方面：

① 人类活动导致环境污染和资源破坏。人类的生产、生活活动一方面向环境中输入了大量的污染物质，使环境质量恶化，生态系统结构和功能遭到破坏，从而使生态平衡失调。另一方面是对自然和自然资源的不合理利用，如过度砍伐森林、过度放牧和围湖造田等，这些行为均会导致生态系统失衡。

② 人类活动影响生物种类。在一个生态系统中增加一个物种，有可能使生态平衡遭受破坏。如美国在1929年开凿韦兰运河，把海洋水系和内陆水系连通，海洋水系中的鳗鱼进入内陆水系，使内陆水系鳟鱼年产量由 2×10^7 kg 减少到5000 kg，严重破坏了内陆水系的水产资源。在一个生态系统中减少一个物种，也有可能使生态平衡遭到破坏。如我国20世纪50年代曾大量捕杀过麻雀，致使部分

地区出现了严重的虫害，这就是由虫害的天敌——麻雀被捕杀带来的直接后果。

③ 人类活动破坏生物信息系统。各种生物种群依靠彼此的信息关系，才能保持集群性，才能正常繁殖。如果人为向环境中释放某种物质，破坏了某种信息，生物之间的联系将被切断，就有可能使生态系统遭到破坏。如有些雌性动物在繁殖时将一种体外激素——性激素排放于大气中，有吸引雄性动物的作用。如果人们向大气中排放的污染物与这种性激素发生化学反应，性激素将失去吸引雄性动物的作用，动物的繁殖就会受到影响，种群数量就会下降，甚至消失，从而导致生态失衡。

由于人类对物质生活和精神生活要求是无止境的，这就必然要不断地向自然界索取，对自然界进行干预。随着科学技术的发展，利用自然与自然资源的能力会不断提高，对自然与自然资源的干预程度也会越来越大，要使生态系统永远保持现在的平衡状态是不可能的，也是不现实的。人们的任务应该是运用经济学和生态学的观点，在现有生态平衡的基础上，使生态系统向有利于人类的方向发展，或者有计划、有目的地去建立新的生态系统或新的生态平衡。对已经破坏的生态平衡，必须设法使其恢复或再建，但要恢复到原来的状态往往是困难的。因此，应把生态系统的恢复和再建统一起来，建造成一个人类和自然和谐的生态系统环境。

6.2　环境科学理论

6.2.1　环境科学产生和发展

环境科学是在20世纪50年代环境问题严重化的背景下诞生的，1954年美国学者最早提出了"环境科学"一词。国际性环境科学机构出现于20世纪60年代，1968年国际科学联合理事会设立了环境问题科学委员会，20世纪70年代出现了以环境科学为内容的专门著作，其中为1972年"联合国人类环境会议"而出版的《只有一个地球》是环境科学中一部最著名的绪论性著作。70年代以来，人们在控制环境污染方面取得了一定成果，某些地区的环境质量也有所改善。这证明环境问题是可以解决的，环境污染的危害是可以防治。随着人类在控制环境污染方面所取得的进展，环境科学这一新兴学科也日趋成熟，并形成自己的基础理论和研究方法。它将从分门别类研究环境和环境问题，逐步发展到从整体上进行综合研究。例如关于生态平衡的问题，如果单从生态系统的自然演变过程来研究，是不能充分阐明它的演变规律的。只有把生态系统和人类经济社会系统作为一个整体来研究，才能彻底揭示生态平衡问题的本质，阐明它从平衡到不平衡，又从不平衡到新的平衡的发展规律。人类要掌握并运用这一发展规律，有目的地控制生态系统的演变过程，使生态系统的发展越来越适宜于人类的生存和发展。通过这种研究，逐渐形成生态系统和经济社会系统的相互关系的理论。环境科学的方法论也在发展。例如在环境质量评价中，逐步建立起一个将环境的历史研究同现状研究结合起来，将微观研究同宏观研究结合起来，将静态研究同动态研究结合起来的研究方法；并且运用数学统计理论、数学模式和规范的评价程序，形成一套基本上能够全面、准确地评定环境质量的评价方法。

环境科学是人们在解决环境问题的前提下迅速发展起来的。环境科学是一门研究环境的物理、化学、生物三个部分的学科。它提供了综合、定量和跨学科的方法来研究环境系统。由于大多数环境问题涉及人类活动，因此经济、法律和社会科学知识往往也可用于环境科学研究。环境科学逐渐形成一门研究人类社会发展活动与环境演化规律之间相互作用关系，寻求人类社会与环境协同演化、持续发展途径与方法的科学。

环境科学形成的历史虽然很短，只有几十年，但随着环境保护实际工作的迅速扩展和环境科学理论研究的深入，其概念和内涵日益丰富和完善。环境科学是一门研究人类社会发展活动与环境演化规律之间相互作用关系，以及寻求人类社会与环境协同演化、持续发展途径与方法的科学。它的形成与发展过程和传统的自然科学、社会科学、技术科学都有着十分密切的联系。

环境科学学科年代较短，直到 20 世纪 60 年代才成为正式学科。美国著名女性海洋生物学家莱切尔·卡逊出版了具有里程碑意义的生态学著作《寂静的春天》。该书中以女性作家特有的生动笔触，详尽细致地讲述了以 DDT 为代表的杀虫剂的广泛使用，给我们的环境所造成的巨大的、难以逆转的危害。这本书引发了全世界关注环境保护事业，标志着人类首次关注环境问题。不仅如此，卡逊还尖锐地指出了，环境问题的深层根源在于人类对于自然的傲慢和无知，因此，她呼吁人们要重新端正对自然的态度，重新思考人类社会的发展道路问题。

此外，1969 年在美国加利福尼亚州圣巴巴拉海滩的井喷溢油事故，以及同年发生在俄亥俄州克利夫兰市的凯霍加河着火事件，都使公众对环境运动的关注度上升，从而开创了环境研究这一新学科领域。环境科学直到 1960~1970 年间，才广泛地活跃于科学研究领域。

在短短几十年内，环境科学的发展经历了两个重要阶段。

阶段 1：诞生阶段——保护、改善环境质量的学科。

环境科学是直接运用地学、生物学、化学、物理学、公共卫生学、工程技术科学的原理与方法，阐明环境污染的程度、危害和机理，探索相应的治理措施和方法，由此形成了环境地学、环境生物学、环境化学、环境物理学、环境医学、环境工程学等一系列新的边缘性分支学科。污染防治的实践活动表明，有效的环境保护还必须依赖于对人类活动及社会关系的科学认识与合理调节，于是又涉及许多社会科学的知识领域，并相应地产生了环境经济学、环境管理学、环境法学、环境伦理学等。自然科学、社会科学、技术科学新分支学科的出现和汇聚标志着环境科学的诞生。这一阶段的特点是直观地确定对象，直接针对环境污染与生态破坏现象进行研究。在此基础上发展起来的具有独立意义的理论，主要是环境质量学说，其中包括环境中污染物质的迁移转化规律、环境污染的生态效益和社会效益、环境质量标准和评价等科学内容。与此相应，这一阶段的方法论是系统分析方法的运用，寻求对区域环境污染进行综合防治的方法，寻求局部范围内既有利于经济发展又有利于改善环境质量的优化方案。因此，这一阶段环境科学定义为保护、改善环境质量的学科。

阶段 2：发展阶段——解决人类环境问题，使人类和环境协调发展。

由于环境问题实质上是由人类社会行为失误造成的，是复杂的全球性问题，要从根本上解决环境问题，必须寻求人类活动、社会物质系统的发展与环境演化三者之间的统一。由此，环境科学发展到更高一级的阶段，即把社会与环境的直接演化作为研究对象，综合考虑人口、经济、资源与环境等主要因素的制约关系，从多层次乃至最高层次上探讨人与环境协调演化的具体途径。它涉及科学技术发展方向的调整、社会经济模式的改变和人类生活方式和价值观念的改变等。与此相应，环境科学是一门主要研究环境结构与状态的运动变化规律及其与人类活动之间的关系，并在此基础上研究寻求正确解决环境问题，确保人类社会与环境之间协同演化、持续发展的途径和方法的学科。

6.2.2 环境科学的定义、研究内容和任务

（1）环境科学的定义 环境科学是研究人类生存的环境质量及其保护与改善的科学。环境科学研究的环境，是以人类为主体的外部世界，即人类赖以生存和发展的物质条件的综合体，包括自然环境和社会环境。自然环境是直接或间接影响人类的，一切自然形成的物质及其能量的总体。环境科学研究的目的包括：一是为维护环境质量、制定各种环境质量标准及污染物排放标准提供科学依据；二是为国家制定环境规划、环境政策以及环境与资源保护立法提供依据。

（2）环境科学的研究内容 环境保护是当今世界各国人民共同关心的重大社会经济问题，也是科学技术领域里的重大研究课题。环境科学是在现代社会经济和科学发展过程中形成的一门综合性科学。就世界范围来说，环境科学成为一门科学还是近二三十年的事情。

地球表层大部分受过人类的干预，原生的自然环境已经不多了。环境科学所研究的社会环境是人类在自然环境的基础上，通过长期有意识的社会劳动所创造的人工环境。它是人类物质文明和精神文明发展的标志，并随着人类社会的发展不断丰富和演变。环境具有多种层次、多种结构，可以做各种不同的划分：按照环境要素可分为大气、水、土壤、生物等环境；按照人类活动范围可分为车间、厂矿、村落、城市、区域、全球、宇宙等环境。环境科学是把环境作为一个整体进行综合研究的。

地球表面有四个圈层，即大气圈、水圈、土壤-岩石圈以及在这三个圈交会处适宜于生物生存的生物圈，这四个圈主要在太阳能的作用下进行着物质循环和能量流动。在这种情况下，自然界呈现出万物竞新、生生不息的景象。人类只是地球环境演变到一定阶段的产物。人体组织的组成元素及其含量在一定程度上同地壳的元素及其丰度之间具有相关关系，表明人是环境的产物。人类出现后，通过生产和消费活动，从自然界获取生存资源，然后又将经过改造和使用的自然物和各种废弃物还给自然界，从而参与了自然界的物质循环和能量流动过程，不断地改变着地球环境。人类在改造环境的过程中，地球环境仍以固有的规律运动着，不断地反作用于人类，因此常常产生环境问题。

（3）环境科学的研究任务　　环境科学的研究领域，在20世纪50～60年代侧重于自然科学和工程技术方面，现已扩大到社会学、经济学、法学等社会科学方面。对环境问题的系统研究，要运用地学、生物学、化学、物理学、医学、工程学、数学以及社会学、经济学、法学等多种学科的知识。所以，环境科学是一门综合性很强的学科。它在宏观上研究人类同环境之间的相互作用、相互促进、相互制约的对立统一关系，揭示社会经济和环境保护协调发展的基本规律；在微观上研究环境中的物质，尤其是人类活动排放的污染物的分子、原子等微小粒子在有机体内迁移、转化和蓄积的过程及其运动规律，探索它们对生命的影响及其作用机理等。

环境科学的主要任务主要包括：

第一，探索全球范围内环境演化的规律。环境总是不断地演化，环境变异也随时随地发生。在人类改造自然的过程中，为使环境向有利于人类的方向发展，避免向不利于人类的方向发展，就必须了解环境变化的过程，包括环境的基本特性、环境结构的形式和演化机理等。

第二，揭示人类活动同自然生态之间的关系。环境为人类提供生存条件，其中包括提供发展经济的物质资源。人类通过生产和消费活动，不断影响环境的质量。人类生产和消费系统中物质和能量的迁移、转化过程是异常复杂的。但必须使物质和能量的输入同输出之间保持相对平衡。这个平衡包括两项内容。一是排入环境的废弃物不能超过环境自净能力，以免造成环境污染，损害环境质量。二是从环境中获取可更新资源不能超过它的再生增殖能力，以保障永续利用；从环境中获取不可更新资源要做到合理开发和利用。因此，社会经济发展规划中必须列入环境保护的内容，有关社会经济发展的决策必须考虑生态学的要求，以求得人类和环境的协调发展。

第三，探索环境变化对人类生存的影响。环境变化是由物理的、化学的、生物的和社会的因素以及它们的相互作用所引起的。因此，必须研究污染物在环境中的物理、化学的变化过程，在生态系统中迁移转化的机理，以及进入人体后发生的各种作用，包括致畸作用、致突变作用和致癌作用。同时，必须研究环境退化同物质循环之间的关系。这些研究可为保护人类生存环境、制定各项环境标准、控制污染物的排放量提供依据。

第四，研究区域环境污染综合防治的技术措施和管理措施。工业发达国家防治污染经历了几个阶段：20世纪50年代主要是治理污染源；60年代转向区域性污染的综合治理；70年代侧重预防，强调区域规划和合理布局。引起环境问题的因素很多，实践证明需要综合运用多种工程技术措施和管理手段，从区域环境的整体出发，调节并控制人类和环境之间的相互关系，利用系统分析和系统工程的方法寻找解决环境问题的最优方案。

循环经济是把环境保护理念引入了经济领域，从而改变传统经济只考虑经济效益而忽略环境影响的思维模式和行为方式。强调经济效益和环境效益并重，不能顾此失彼，因此环境科学是循环经济的一个重要理论基础。

6.3　清洁生产理论

6.3.1　清洁生产的产生背景

18世纪工业革命以来，随着社会生产力的迅速发展，人类在创造巨大物质财富的同时，也付出了巨大的资源和环境代价。到20世纪中期，世界人口迅速增长和工业经济的迅猛发展，资源消耗速度加快，废弃物排放明显增加；再加上认识上的误区，致使环境问题日益严重，公害事件屡屡发生，以至于全球性的气候变暖、臭氧层破坏及有毒化学品的泛滥和积累等已严重威胁到整个人类的生存环境以及社会经济发展的秩序，经济增长与资源环境之间的矛盾日渐凸显。

20世纪60年代开始，工业对环境的危害就已引起社会的关注，20世纪70年代西方一些国家的企业开始采取应对措施，对策是将污染物转移到海洋或大气中，认为大自然能吸收这些污染物。但是人们很快意识到，大自然在一定时间内对污染物的吸收能力是有限的。这时工业化国家开始通过各种手段和方式对生产过程末端的废弃物进行处理，这就是所谓的"末端治理"。末端治理侧重于污染物产生后的治理，客观上却造成了生产过程与环境治理分离脱节。末端治理可以减少工业废弃物向环境的排放量，但很少能影响到核心工艺的变更。末端治理作为传统生产过程的延长，不仅需要投入大量的设备费用，维护开支和最终处理费用，而且本身还要消耗大量资源、能源，特别是很多情况下，这种处理方式还会使污染在空间和时间上发生转移而产生二次污染，所以很难从根本上消除。

面对环境污染日趋严重、资源日趋短缺的局面，工业化国家在对其污染治理过程进行反思的基础上，逐步认识到要从根本上解决工业污染问题，必须以预防为主，将污染物消除在生产过程中，而不是仅仅局限于末端治理。

20世纪70年代中期以来，不少工业发达国家的政府和企业都纷纷研究开发和采用清洁工艺（少废无废）技术、环境无害技术，开辟污染预防的新途径。1976年，在巴黎举行的"无废工艺和无废生产国际研讨会"上，首次提出了清洁生产的概念，其核心是消除产生污染物的根源，达到污染物最小量化及资源和能源利用的最大化。这种实现经济、社会和生态环境协同发展的新的环境保护策略，迅速得到了国际社会各界的积极倡导。1989年5月，在总结了各国清洁生产相关活动之后，联合国环境规划署与环境规划中心正式制定了《清洁生产计划》，提出了国际普遍认可的包括产品设计、工艺革新、原辅材料选择、过程管理和信息获得等一系列内容和方法的清洁生产总体框架，在全球范围内推行清洁生产。之后，世界各国也相继出台了各项有关法规、政策和法律制度。1992年，联合国环境与发展大会呼吁各国调整生产和消费结构，广泛应用环境无害技术和清洁生产方式，节约资源和能源，减少废物排放，实施可持续发展战略。清洁生产被正式写入《21世纪议程》，并成为通过预防来实现工业可持续发展的专业术语。从此，在全球范围内掀起了清洁生产活动的高潮。经过几十年不断创新、丰富与发展，清洁生产现已成为国际环境保护的主流思想，有力地推动了全世界的可持续发展进程。因此，清洁生产是在环境和资源危机的背景下，国际社会在总结了各国工业污染控制经验的基础上提出的一个全新的污染预防的环境战略。它的产生过程是人类寻求一条实现经济、社会、环境、资源协调发展的可持续发展道路的过程。

6.3.2 清洁生产的含义

清洁生产是一种创新的观念。"清洁生产"的概念最早可以追溯到1976年12月欧共体在巴黎举行的"无废工艺和无废生产国际研讨会"，这次会议提出协调社会和自然的相互关系应主要着眼于消除造成污染的根源，而不仅仅是消除污染引起的后果。1979年4月，欧共体理事会宣布推行清洁生产的政策。1989年，《清洁生产计划》制定。1992年6月，联合国环境与发展大会发表的《环境与发展宣言》确认"各国应当减少和消除不能持续的生产和消费方式"，通过的《21世纪议程》

中多次提及与清洁生产有关的内容，将清洁生产看作是可持续发展的关键因素，号召工业部门提高能耗效率，开发更清洁的技术，更新、替代对环境有害的产品和原材料，实现环境和资源的保护和管理。

1989年，联合国环境规划署（UNEP）与环境规划中心提出了清洁生产的定义，并在1990年英国坎特布里召开的第一次国际清洁生产高级研讨会上正式提出："清洁生产是指对工艺和产品不断运用综合性的预防战略，以减少其对人体和环境的风险。"

1996年UNEP对该定义做了进一步的完善：清洁生产是一种新的创造性的思想，该思想将整体预防的环境战略持续地应用于生产过程、产品和服务中，以增加生态效率和减少人类和环境的风险。对于生产过程，要求节约原料和能源，淘汰有毒原材料，降低所有废弃物的数量和毒性。对于产品，要求减少从原材料提炼到产品最终处置的整个生命周期的不利影响。对于服务，要求将环境因素纳入设计和所提供的服务中。

1994年，《中国21世纪议程》对清洁生产进行了定义：清洁生产是指既可满足人们的需要，又可合理使用自然资源和能源，并保护环境的生产方法和措施，其实质是一种物料和能源消费最小的人类活动的规划和管理，将废物减量化、资源化和无害化，或消灭于生产过程中。由此可见，清洁生产的概念不仅含有技术上的可行性，还包括经济上的可营利性，体现了经济效益、环境效益和社会效益的统一。

2003年，《中华人民共和国清洁生产促进法》对清洁生产的定义是：清洁生产是指不断采取改进设计、使用清洁的能源和原料、采用先进的工艺技术与设备、改善管理、综合利用等措施，从源头削减污染，提高资源利用效率，减少或避免生产、服务和产品使用过程中污染物的产生和排放，以减轻或消除对人类健康和环境的危害。

以上各种定义虽然表达方式不同，但内涵是一致的。从清洁生产的定义可以看出，实施清洁生产体现了减量化、资源化、再利用和无害化四个原则。减量化原则是指资源消耗最小、污染物产生和排放量最小。资源化原则是指废水、废气和废渣最大限度地转化为产品。再利用原则是指将生产和流通中产生的废弃物，作为再生资源充分回收利用。无害化原则是指尽最大可能减少有害原料的使用以及有害物质的产生和排放。

清洁生产是一个相对的概念，所谓清洁的工艺、清洁的产品、清洁的能源都是和现有的工艺、产品、能源比较而言的。清洁生产是一个持续进步、创新的过程，而不是一个用某一个特定标准衡量的目标。推行清洁生产本身是一个不断完善的过程，随着社会经济发展和科学技术的进步，需要适时地提出新的目标，争取达到更高的水平。清洁生产不包括末端治理技术，如空气污染控制、废水处理、固体废弃物焚烧或者填埋。

根据清洁生产的定义可以看出，清洁生产主要涉及清洁的能源、清洁的生产过程和清洁的产品和服务三方面内容。

（1）清洁的能源　清洁的能源是指新能源的开发以及各种节能技术的开发利用、可再生能源的利用、常规能源的清洁利用，如使用煤制气和水煤浆等洁净煤技术。

（2）清洁的生产过程　尽量减少或消除生产过程中的各种危险性因素，如高温、高压、低温、低压、易燃、易爆、强噪声、强震动等；采用可靠和简单的生产操作和控制方法；对物料进行内部循环利用；完善生产管理，不断提高科学管理水平。

（3）清洁的产品和服务　产品设计时应考虑节约原材料和能源，少用昂贵、稀缺的原料，尽量利用二次资源作原料。产品在使用过程中以及使用后不含危害人类健康和破坏生态环境的因素。产品的包装应简易、合理。产品使用后易于回收、重复使用和再生，产品的使用寿命和使用功能合理。

清洁生产内容包含两个"全过程"控制，即产品的生命周期全过程控制和生产的全过程控制。产品的生命周期全过程控制，即从原材料加工、提炼、产品产出、产品使用直到报废处置的各个环节采取必要的措施，实现产品整个生命周期资源和能源消耗的最小化。生产的全过程控制，即从产品开发、规划、设计、建设、生产到运营管理的全过程，采取措施，提高效率，防止生态破坏和污染的发生。

清洁生产的内容既体现于宏观层次上的总体污染预防战略之中，又体现于微观层次上的企业预防污染措施之中。在宏观上，清洁生产的提出和实施使污染预防的思想直接体现在行业的发展规划、工业布局、产业结构调整、工艺技术以及管理模式的完善方面。如我国许多行业、部门提出严格限制和禁止能源消耗高、资源浪费大、污染严重的产业和产品发展，对污染重、质量低、消耗高的企业实行关、停、并、转等，都体现了清洁生产战略对宏观调控的重要影响。在微观上，清洁生产通过具体的手段措施达到生产全过程污染预防。如应用生命周期评价、清洁生产审核、环境管理体系、产品环境标志、产品生态设计、环境会计等各种工具，这些工具都要求在实施时必须深入组织的生产、营销、财务和环保等各个环节。

针对企业而言，推行清洁生产主要进行清洁生产审核，对企业正在进行或计划进行的工业生产进行预防污染分析与评估。这是一套系统的、科学的、操作性很强的程序。从原材料和能源、工艺技术、设备、过程控制、管理、员工、产品、废物这八条途径，通过全过程定量评估，运用投入－产出的经济学原理，找出不合理排污点位，确定削减排污方案，从而获得企业环境绩效的不断改进，企业经济效益的不断提高。

清洁生产最终追求目标：一是通过资源的综合利用，短缺资源的代用，二次能源的利用，以及节能、降耗、节水，合理利用自然资源，减缓资源耗竭的速率，实现资源与能源利用的合理化；二是废物和污染物的排放，促进工业产品的生产、消耗过程与环境相协调，降低工业活动对人类和环境的危害；三是满足人类需求，实现经济效益的最大化。

6.4　环境伦理学理论

6.4.1　产生背景

环境伦理学产生于日益增长的环境危机意识。1971 年，美国佐治亚大学的 W・布莱克斯教授组织的一次会议拉开了发展环境伦理的序幕，这次会议论文集《哲学与环境危机》于 1974 年正式出版，记载了哲学家对环境问题的关注。1974 年澳大利亚哲学家约翰・帕斯莫尔出版了《人对自然的责任：生态问题与西方传统》一书。1975 年，霍尔姆斯・罗尔斯顿在国际主流学术期刊《伦理学》上发表了《存在着生态伦理吗？》。上述这些著作是现代伦理学的经典之作。

1979 年，随着哲学家们对环境伦理学问题的讨论逐渐深入，《环境伦理学》杂志在美国新墨西哥大学创刊，该杂志专门论述环境伦理学的相关内容。此后，又相继出现了《农业与环境伦理学杂志》《地球伦理学季刊》等杂志。而一些权威的哲学杂志，如《伦理学》《探索》《哲学》等也大量发表讨论环境伦理学的论文。一些大学开设了环境伦理学课程，有的学校还设置了环境伦理学专业学位，许多专门的教科书也相继问世。1989年底，霍尔姆斯·罗尔斯顿发起成立了环境伦理学学会，该学会会员如今已遍布包括中国在内的许多国家。

6.4.2 基本含义

伦理是一种自然法则，是有关人类关系（尤其以姻亲关系为重心）的自然法则，是按照某种观念建立起来的一种规范的秩序。伦理与道德都在一定程度上起到了调节社会成员之间相互关系的规则的作用。

环境伦理观是人类在长期的实践过程中的经验总结，为协调人类与自然环境的关系，约束自己的行为而建立起来的一种新秩序。环境伦理学是关于人与自然关系的伦理信念、道德态度和行为规范的理论体系，是一门尊重自然的价值和权利的新的伦理学。它根据现代科学所揭示的人与自然相互作用的规律性，以道德为手段从整体上协调人与自然的关系。它不是传统伦理学向自然领域的简单扩展，而是在人类反思生态环境问题的基础上产生的一门新兴学科。

环境伦理学的内容主要包括尊重与善待自然、自然界的价值和人类对自然界的责任与义务三方面：

（1）尊重与善待自然 尊重与善待自然中的一切物种，顺应自然的生活，从而维持生态系统的和谐与稳定。人类如何尊重和善待自然阳光、空气、雨露、山地、平原、河流、草木、飞禽、走兽，"造物主"赐予我们生存的条件可谓应有尽有。千百年来，人类依赖自然的给予生存，与此同时，对大自然的探索也始终没有停止过，希望以此改善人类的生存条件。

大自然孕育了人类，过去我们总是将自然比作母亲，尤其在人类生活的早期，万物有灵的思想曾经盛行于世界各个民族，这也使自然生态得到了很好的保护。今天，随着科学的发展，自然的奥秘被不断地呈现在我们面前，人类开始变得狂妄，与此同时，自然也开始失去了安宁。但无论我们是以什么样的态度对待自然，都无法改变人类与自然的关系。毕竟，我们生于斯，长于斯。我们建造了钢筋水泥的城市，制造了现代科技的产品，但无论现在还是将来，我们的生活还是离不开脚下这片土地。现代化环境虽能为生活带来诸多便利，但却不能滋养我们的心灵。只有回归自然，才会使我们感到真正的放松，才会缓解紧张生活带来的压力。

我们必须改变人类中心论的观点，从自然的使用者、破坏者，成为自然的看护者。不论我们出于什么样的动机毁坏自然，都等于是在谋害自己的母亲，那么，人类可能在这样的罪行中幸免于难吗？所以，我们应该像对待母亲一样去对待大自然，像尊重母亲一样去尊重大自然。只有这样，我们才会继续得到自然的呵护，才会在大自然母亲般的怀抱中获得安宁。也只有这样，人类才不会在背弃自然的任性行为中走向毁灭。

（2）自然界的价值 自然界对于人类的价值是多种多样的。它包括维生的价值、经济的价值、娱乐和美感价值、历史文化价值和科学研究价值等。维生的价值是指人类活动在地球上，离不开自然界里的空气、水、阳光，需要自然给我们提供各种动植物作为食物。从这方面来说，自然生态为人类提供了最基本的生活与生存的需要。经济的价值是指人类在发展经济的过程中，需要从大自然开采各种资源，这些资源经过加工、改造成为产品以供人类利用，也可以作为商品得到流通，都具有极大的经济价值。娱乐和美感价值是指自然生态不只满足人类的物质方面的需要，还可以使人们获得精神上的享受，如大自然的种种奇观，以及野地里的各种奇花异草和珍奇动物，可以使人们获得很高的美学享受。历史文化价值是指人类的活动离不开自然，人类发展历程的每一步都铭刻在自然界的景观和场所。自然界是人类文明进步的最好见证和记录，它可以使人类获得历史的归属感和认同感。科学研究是人类特有的一种高级智力活动，从起源上来说，科学研究来自对自然的想象、好奇和探索。大自然是人类从事科学研究最重要的源泉之一。

上述大自然的价值，都是对人类在地球上的生存和发展相当重要的价值。其实，大自然还具有其自身的内在价值。对自然的内在价值的发现，要求我们超越"人类中心主义"的立场，即不从人类自己的利益和好恶出发，而从整个地球的进化来看待自然。我们发现自然界值得珍惜的重要价值之一是它对生命的创造。地球上除人类这一高级生物种类之外，还有成千上万的其他生物物种，它们和人类一样具有对外部环境的感觉和适应能力，这种生命的创造是大自然的奇迹，亦是人类应对自然生态表示尊重与敬意的原因之一。地球作为"生物圈"值得珍惜的另一种价值是其生态区位的多样性与丰富性。自然在进化过程中不仅创造出越来越多的生命物种，而且创造出多种多样适宜生命物种居住和繁衍的生态环境。除创造了生命和

123

为各种生命物种提供生存与生活的合适环境之外，大自然的价值还表现在它作为一个系统所具有的稳定性与统一性。迄今为止，地球已有近46亿年的历史，地球在进化过程中，不断创造出新的物种和多种多样的生态区域，而且保持着自己的完整性和稳定性。就是说，从地球这个生态系统来看，包括人类在内的地球上的任何生命物种，以及地球生态系统中的任何组成部分，都是地球这一生态系统某一功能的执行者，各自的价值不能大于地球这一生态系统的整体价值。

（3）人类对自然界的责任与义务 对自然生态价值的认识与承认导致了人类对它的责任与义务。人类对自然生态的责任与义务，从消极的意义上说，是要控制和制止人类对环境的破坏，防止自然生态的恶化。从积极的意义上说，要保护和爱护自然，为自然生态的自组织进化和达到新的动态平衡创造并提供更有利的条件和环境。从维持和保护自然生态的价值出发，环境伦理学要求人类尊重自然、善待自然，具体应做到以下几方面：

第一，尊重地球上的一切生命物种。地球生态系统中的所有生命物种都参与了生态进化的过程，并且具有它们生存的目的性和适应环境的能力。它们在生态价值方面是平等的。因此，人类应该平等地对待它们，尊重它们的自然生存权利。人类应该放弃自以为高于或优于其他生物而鄙视低等生物的看法。相反，人类作为自然进化中最晚出现的成员，其优越性是建立在其具有道德和文化之上的。人类特有的这种道德与文化能力，意味着人类是自然生态系统中迄今为止能力最强的生命形式，同时也是评价力最强的生命形式。从环境伦理来看，人类的伦理道德意识不只是表现在爱同类，还表现在平等地对待众生万物和尊重它们的自然生命权利上。人类应当体会到，保有、珍惜生命是善，摧毁、遏阻生命是恶。

平等对待众生万物，不意味着抹杀它们之间的差别，而是平等地考虑到所有生命体的生态利益。由于每一种生命物种在自然进化阶梯中位置的不同，它们的要求与利益也不一样。在对待不同生物物种时，我们应该采取区别对待的原则。如草原上生存着羊和狼，为了获得更多的食物和保护自身的安全，人类圈养羊而赶走狼。然而草原上狼的数量过少，放养的羊的数量过多，最终将破坏草原的生态。因此，从生态平衡和环境伦理的角度，人类应当适度尊重狼的存在；推而广之，人类应当对草原生态环境中存在的各种生命体，采取平等而有区别的方式对待，从而使草原生态环境能持久地维系其中的各类生命活动。所以说，区别地对待不同的生物，在道德上不仅允许，而且是必需的。

第二，尊重自然生态的和谐与稳定。地球生态系统是一个交融互摄、互相依存的系统。在整个自然界，无论海洋、陆地和空中的动植物，乃至各种无机物，均为地球这一"整体生命"不可分割的部分。作为自组织系统，地球虽然有其遭受破坏后自我修复的能力，但它对外来破坏力的忍受终究是有极限的。对地球生态系统中任何部分的破坏一旦超出其承受值，会危及整个地球生态，最终祸及包括人类在内的所有生命体的生存和发展。因此，为了保护人类和其他生命体的生态价值，首要的是必须维持它的稳定性、整合性和平衡性。在整个自然进化的过程中，只有人类最有资格和能力担负起保护地球自然生态及维持其持续进化的责任，因为人类是地球进化史上最晚出现的成员，处于整个自然进化的最高级，只有人类对整个自然生态系统的这种整体性与稳定性具有理性的认识能力。

第三，顺应自然的生活。顺应自然的生活不是指人类要放弃自己改造和利用自然的一切努力，返回到生产极不发达的原始人的生活状态中去，而是说，人类应该从自然中学习到生活的智慧，过一种有利于环境保护和生态平衡的生活。历史的发展证明，人类的活动可能与自然生态的平衡相适应，也可能会破坏自然的生态平衡。由于人类在自然生态系统中与自然的关系是对立统一的，因此，即便是人类认识到爱护自然环境，但在历史发展的过程中，还是会遇到人类自身利益与生态利益相冲突、人类价值与生态价值不一致的情形。为此，所谓顺应自然的生活，就是要从自然生态的角度出发，将人类的生存利益与生态利益的关系加以协调。如下几条原则是一种顺应自然的生活所必须遵循的。

第四，关心个人并关心人类。环境伦理学在关心人与自然关系的同时，也关心人与人的关系，因为人类本身就是自然中的一个种群，人类与自然发生各种关系时，必然牵涉到人与人的关系。只有既考虑了人对自然的根本态度和立场，又考虑了人如何在社会实践中贯彻这种态度和立场，环境伦理学才是完善的。环境伦理学要求我们确立关心个人并关心人类的行为原则。

第五，着眼当前并思考未来。人与自然界其他生物一样，都具有繁衍和照顾后代的本能。人类不同于其他生物之处在于：除了这种本能之外，还意识到个体对后代承担的道德义务与责任。在环境伦理学中，人类与子孙后代的关系问题之所以引起重视，是因为环境问题直接牵涉到当代人与后代人的利益，在环境问题上，如同个人利益和价值同群体利益和价值有时会不一致一样，人类的当前利益和价值与长远的、子孙后代的利益和价值也难免会发生冲突，环境伦理要求我们在这种冲突发生时，要兼顾当代人与后代人的利益和价值，要着眼当前并思虑未来。

环境伦理学将人类对待自然、全人类和子孙后代的态度和责任作为一种道德原则看待，其目的就在于更好地规范人们对待自然的行为，以有利于地球生态系统，包括人类社会这个子系统的长期、持续和稳定发展。一种全面的环境伦理，必须兼顾自然生态的价值，个人与全人类的利益和价值，以及当代人与后代人的价值与利益。

6.5　经济学理论

经济学主要关注资源配置，尤其是稀缺资源的配置。在生态环境逐渐稀缺的条件下，经济学将研究的对象拓展到生态环境领域。随着经济学的发展以及人类对资源、环境和生态问题的关注，逐渐形成了环境经济学、资源经济学和生态经济学等分支学科。

6.5.1　环境经济学

环境经济学是环境科学和经济学之间交叉的边缘学科，是研究如何充分利用经济杠杆来解决环境污染问题，使环境的价值体现得更为具体，将环境的价值纳入到生产和生活的成本中去，从而阻断无偿使用和污染环境的通路，经济杠杆是目前解决环境问题最主要和最有效的手段。

（1）环境经济学的产生和发展　造成环境的污染和破坏，除了人们未能认识自然生态规律外，从经济原因上分析，主要是人们没有全面权衡经济发展和环境保护之间的关系，只考虑近期的直接的经济效果，忽视了经济发展给自然和社会带来的长远影响。长期以来，人们把水、空气等环境资源看成是取之不尽、用之不竭的"无偿资源"，把大自然当作净化废弃物的场所，不必付出任何代价和劳动。这种发展经济的方式，在生产规模不大、人口不多的时代，对自然和社会的影响，在时间上、空间上和程度上都是有限的。

到了20世纪50年代，社会生产规模急剧扩大，人口迅速增加，经济密度不断提高，从自然界获取的资源大大超过自然界的再生增殖能力，排入环境的废弃物大大超过环境容量，出现了全球性的资源耗竭和严重的环境污染与破坏问题。许多经济学家和自然科学家一起磋商防治污染和保护环境的对策，估量污染造成的经济损失，比较防治污染的费用和效益，从经济角度选择防治污染的途径和方案，有的还把控制污染纳入投入-产出经济分析表中进行研究。这样，在 20 世纪 70 年代初出现了污染经济学或称公害经济学的著作，阐述防治环境污染的经济问题。

随着环境经济学研究的开展，一些经济学家认为，仅仅把经济发展引起的环境退化当作一种特殊的福利经济问题，责令生产者偿付损害环境的费用，或者把环境当作一种商品，同任何其他商品一样，消费者应该付出代价，都没有真正抓住人类活动带来环境问题的本质。许多学者提出在经济发展规划中要考虑生态因素。社会经济发展必须既能满足人类的基本需要，又不能超出环境负荷。超过了环境负荷，自然资源的再生增殖能力和环境自净能力会受到破坏，引起严重的环境问题，社会经济也不能持续发展。要在掌握环境变化过程中，维护环境的生产能力、恢复能力和补偿能力，合理利用资源，促进经济的发展。20 世纪 70 年代后期，先后出版了环境经济学、生态经济学、资源经济学方面的著作，论述经济发展和环境保护之间的关系。

在中国，环境经济学的研究工作，是从 1978 年制订环境经济学和环境保护技术经济八年发展规划（1978—1985 年）时开始的。1980 年，中国环境管理、经济与法学学会的成立，推动了环境经济学的研究。

（2）环境经济学的研究对象和任务　社会经济的再生产过程，包括生产、流通、分配和消费，它不是在自我封闭的体系中进行的，而是同自然环境有着紧密的联系。自然界提供资源，而劳动则把资源变为人们需要的生产资料和生活资料。劳动和自然界相结合才成为一切财富的源泉。社会经济再生产的过程，就是不断地从自然界获取资源，同时又不断地把各种废弃物排入环境的过程。人类经济活动和环境之间的物质变换，说明社会经济的再生产过程只有既遵循客观经济规律又遵循自然规律才能顺利进行。环境经济学就是研究合理调节人与自然之间的物质变换，使社会经济活动符合自然生态平衡和物质循环规律，不仅能取得近期的直接效果，而且能取得远期的间接效果。

环境经济学主要是一门经济科学，以经济学为理论基础。社会主义社会的生产目的，是最大限度地满足整个社会日益增长的物质和文化需要；生产资料的公有制和国民经济有计划按比例地发展，为正确地调节人和自然之间的物质变换提供了充分的可能。但是，要把可能性变为现实，是一项十分艰巨的任务。

（3）环境经济学的研究领域和内容

① 环境经济学的研究领域。环境经济学是环境科学和经济学之间交叉的边缘学科，主要研究领域包括：如何估算对环境污染造成的损失，包括直接物质损失、对人体健康的损害和间接的对人的精神损害；如何评估环境治理的投入所产生的效益，包括直接挽救污染所造成的损失效益和间接的社会、生态效益；如何制定污染者付费的制度，确定根据排污情况的收费力度；如何制定排污指标转让的金额。

② 环境经济学的研究内容。环境经济学的研究内容主要包括基本理论、社会生产力的合理组织、环境保护的经济效果和运用经济手段进行环境管理四方面：

a.基本理论研究。环境经济学基本理论研究包括社会制度、经济发展、科学技术进步同环境保护的关系，以及环境计量的理论和方法等。经济发展和科学技术进步，既带来了环境问题，又不断地增强保护和改善环境的能力。要协调它们之间的关系，首先是改变传统的发展方式，要把保护和改善环境作为社会经济发展和科学技术发展的一个重要内容和目标。

当人类活动排放的废弃物超过环境容量时，为保证环境质量必须投入大量的物化劳动和活劳动，这部分劳动已愈来愈成为社会生产中的必要劳动。同时，为了保障环境资源的永续利用，也必须改变对环境资源无偿使用的状况，对环境资源进行计量，实行有偿使用，使社会不经济性内在化，使经济活动的环境效应能以经济信息的形式反馈到国民经济计划和核算的体系中，保证经济决策既考虑直接的近期效果，又考虑间接的长远效果。

b.社会生产力的合理组织研究。环境污染和生态失调，很大程度上是对自然资源的不合理的开发和利用造成的。合理开发和利用自然资源，合理规划和组织社会生产力，是保护环境最根本、最有效的措施。为此必须改变单纯以国民生产总值衡量经济发展成就的传统方法，把环境质量的改善作为经济发展成就的重要内容，使生产和消费的决策同生态学的要求协调一致；要研究把环境保护纳入经济发展计划的方法，以保证基本生产部门和消除污染部门按比例地协调发展；要研究生产布局和环境保护的关系，按照经济观点和生态观点相统一的原则，拟定各类资源开发利用方案，确定一国或一地区的产业结构，以及社会生产力的合理布局。

c.环境保护的经济效果研究。环境保护的经济效果研究主要包括环境污染、生态失调的经济损失估价的理论和方法，各种生产生活废弃物最优治理和利用途径的经济选择，区域环境污染综合防治优化方案的经济选择，各种污染物排放标准确定的经济准则，各类环境经济数学模型的建立等。

d.运用经济手段进行环境管理研究。经济方法在环境管理中是与行政的、法律的、教育的方法相互配合使用的一种方法。它通过税收、财政、信贷等经济杠杆，调节经济活动与环境保护之间的关系、污染者与受污染者之间的关系，促使和诱导经济单位和个人的生产和消费活动符合国家保护环境和维护生态平衡的要求。通常采用的方法有：征收资源税，排污收费，事故性排污罚款，实行废弃物综合利用的奖励，提供建造废弃物处理设施的财政补贴和优惠贷款等。

6.5.2　资源经济学

资源经济学，是以经济学理论为基础，通过经济分析来研究资源的合理配置与最优使用及其与人口、环境的协调和可持续发展等资源经济问题的学科。

（1）资源经济学的产生和发展　资源经济学的产生和发展主要经历了孕育、产生和发展三个阶段，具体如下：

① 孕育阶段：17世纪60年代~20世纪20年代。

这个阶段包括西方经济学的两个发展阶段：古典主义阶段和新古典主义阶段，构成资源经济学的许多思想、内容，就包含在这两个阶段的许多经济学大师的论著中。

资本主义，是以第一次工业革命带来的经济迅速增长，是以大量利用和消耗自然资源（尤其是矿物燃料和原料）为前提的。这种社会存在反映在古典主义经济学家的著作中，他们最关注两个问题：一是提高资源利用效率问题；二是经济增长的长期发展前景问题。对于第二个问题，马尔萨斯等持悲观态度。由于古典主义侧重关注的是资源供给对财富生产和经济增长的制约作用，故"代价决定论"（包括劳动价值论）成为这个阶段占主导地位的价值理论。所谓"代价决定论"，是指财物的价值由生产财物必须付出的代价（生产费用、成本或劳动等）决定。

新古典主义对资源经济学的贡献主要在四个方面：边际效用价值论；边际分析

法和均衡分析法；均衡价格理论；资源优化配置理论和外部性理论。总之，在资源经济学的孕育阶段，经济学已为资源经济学的产生做好了必要的基础理论和分析工具准备。

② 产生阶段：20世纪20年代至50年代。

从18世纪中叶的第一次工业革命开始到19世纪30年代的80年中，世界人口由10亿猛增到20亿，导致对资源需求的大幅增长。结束于20世纪初的第二次工业革命，开辟了人类电气化的新纪元，使全球的生产力得到更加高速的发展，致使大规模地开发利用偏远地区的自然资源，尤其是地下矿产资源成为现实，从而大大促进了资源产业的形成和发展，也同时导致资源短缺、环境污染和生态破坏等问题进一步加剧。于是从发展资源部门（产业）经济和解决世界性的资源及环境问题两个方面，提出了对建立资源经济学的需要，资源经济学也于二十世纪二三十年代应运而生。

1924年美国经济学家伊力和豪斯合著的《土地经济学原理》出版，1931年哈罗德·霍特林发表了《可耗尽资源的经济学》。这被认为是资源经济学产生的标志。在中国，第一本土地经济学研究专著——《土地经济学》（章植著）于1930年问世。随后相继出版了张丕介的《土地经济学导论》、朱剑农的《土地经济学原理》等著作。显然，这个阶段国内外建立的资源经济学还主要限于单种资源（如土地）和单门类资源（如可耗竭性资源）的经济学。

③ 发展阶段：20世纪50年代至今。

此阶段还可以分为两个小阶段：第二次世界大战结束到20世纪70年代末阶段和20世纪80年代初至今阶段。80年代初之前，资源经济学关注和研究的重心是资源短缺或危机问题，之后是可持续性问题。

20世纪80年代初之前阶段的全球经济和社会发展呈现出"五高"的特点：人口高增长；经济高增长；高消耗且"用后即弃"的生产方式；高消费且"用后即弃"的生活方式；高城市化进程。"五高"导致形成威胁人类生存的十大环境问题：土壤遭到破坏、气候变化和能源浪费、生物多样性降低、森林面积减少、淡水资源受到威胁、化学污染、混乱的城市化、海洋过度开发和沿海地带被污染、空气污染、极地臭氧层空洞。在如此严酷的现实面前，迫使人们开始了对这种盲目追求经济增长的发展观进行反思。如20世纪50年代，美国一些科学家首次提出"资源科学"的概念；60 年代，日本经济学家留重人提出"公害政治经济学理论"；60 年代末，美国博尔丁提出"地球飞船经济"论；英国戈德史密斯从自然资源需求出发提出建立"平衡稳定社会"等。

在这种反思思潮中，也有一些人（包括经济学家）犯了矫枉过正的错误。20世纪 60 年代后期出现的罗马俱乐部就是这部分人的代表。他们提出了以反增长或零增长为特征的另一种发展观念。第二次世界大战结束至 20 世纪 80 年代末完成的第三次工业革命，不仅导致社会生产力发生了突飞猛进的发展，而且还使人类步入了一个崭新的知识经济时代。知识经济深刻地影响和改变了人们的生产方式和生活方式。这一切都给了这种对人类未来抱过分悲观的态度的发展观以有力的反驳。因此，在实践中，它没有为发达国家所接受，并遭到发展中国家的抵制。

这时期出版了不少有影响的论著，如《增长的极限》《自然资源经济学——问题、分析与政策》《环境经济学》等。

可持续发展问题的提出是 20 世纪 80 年代以后的事情。由于可持续发展的四大问题人口、资源、环境和发展都与自然资源及其开发利用密切相关，从而导致社会实践对资源经济理论的迫切需要与已有资源经济理论的供给短缺产生尖锐的矛盾。正是这种矛盾促进从事资源经济研究的机构在世界各国像雨后春笋般涌现，进而使资源经济学得到了前所未有的蓬勃发展。

（2）资源经济学的基本内容　资源经济学内容基本是由三大主题和四个方面构成。三大主题是指效率、最优和可持续性。四个方面是指生产、分配、利用和保护与管理。

资源经济学从产生至今虽有七八十年的历史，但它仍然是一门很不成熟的学科，尤其对社会主义资源经济学来说更是如此。改革开放前，中国只有土地经济学，没有形成自己的资源经济学。20 世纪 80 年代以来，除中译本外，中国人自己写的资源经济学一类的书还基本上限于单种或单门类资源（如农业自然资源）经济学，像李金昌写的《资源经济新论》之类涉及自然资源经济整体的书尚属少见，而涉及资源经济问题的环境经济学和生态经济学方面的书倒出版得多一些。而且，所有这些中国人写的书都具有较强的引进和介绍西方资源经济学、环境经济学和生态经济学的特点，建立中国特色的社会主义资源经济学还没有提上日程。因此，下面列举的资源经济学存在的问题和不足，自然也涵盖中国的资源经济学。这些问题和不足有：

① 资源经济学的理论基础基本上是西方经济学，西方经济学的共同特点是抽去资本主义的生产关系、阶级关系来抽象地研究社会再生产过程。

② 资源经济学的基础理论薄弱。第一，无论是传统马克思主义经济学还是西方主流经济学，都是从单一的物质商品或产品加工经济系统抽象概括出来的，将它们用于自然资源－经济，尤其是环境－经济和生态－经济等交叉系统，都存在局限性；第二，从物质商品再生产过程抽象出来的传统价值理论［包括劳动价值论、生产费用（成本）价值论、效用价值论、边际效用价值论、均衡价格论等］都认为，由于自然资源、自然环境和自然生态没有物化劳动或者由于不稀缺而没有价值。这样的价值理论用于自然资源、自然环境和自然生态的计价和核算都存在固有缺陷，作为资源经济学、环境经济学和生态经济学的基石，其缺陷就更加突显；第三，传统国民经济核算理论把自然资源和自然环境排斥于国民经济核算体系之外，这样的理论自然也不能成为自然资源和自然环境核算的理论基础；第四，由R·科斯奠基的西方产权理论，由于缺乏价值理论基础，更没有有意识地研究过产权是如何作用于价值运动的及产权价值和价格如何确定等重大问题，从而决定了以它作为具有鲜明产权化特征的资源经济的基础理论，也必然存在局限性等。

③ 现有资源经济学在内容上存在不平衡和偏窄的不足。不平衡是指微观强于宏观，静态分析强于动态分析，有关资源经济运行和发展的内容强于资源经济制度的内容等。偏窄是指注重三大主题效率、最优和可持续性研究，不够重视资源价值－价格、资源产权、资源宏观经济循环、资源流通、资源价值分配、资源金融等重要内容的研究，致使在现有资源经济学中，这些内容所占的比重偏小，水平也较低。

④ 资源经济学的学科体系还很不成熟。这表现在：第一，还没有奠定坚实的理论基础，如资源价值－价格理论、资源核算理论、资源产权价值－价格理论等基本理论还处于探索阶段，各家各派的认识分歧还很大。第二，专家、学者们对资源经济学研究对象的认识还很不统一，这不仅导致资源经济学与相关学科划不清界限，还导致不同版本的资源经济学的逻辑结构和叙述结构也五花八门。

（3）资源经济学的基础理论　资源经济学最接近的基础科学是资源科学和经济科学。资源经济学的基础理论既包括自然科学理论，又包括社会科学理论。属于自然科学理论的除了资源科学体系中的有关理论外，常用的有物质平衡理论、再循环理论、热力学定律、环境污染理论、资源（环境）承载力理论、多种数学理论和计算机应用理论等。属于社会科学的主要有伦理学、微观经济学、宏观经济学、制度经济学（含产权经济学）、货币与金融学等学科中的一系列理论。其中，最重要的是价值理论、价格理论和产权影响（作用）价值运动的理论。

资源经济学在资源科学体系中的地位，属于基础资源学类；在现代经济科学体系中的地位，它属于应用经济学类。因此，资源经济学的学科性质需要分三个层次来界定：它为狭义资源经济学，即自然资源经济学；它属于交叉学科，即自然资源科学与经济科学交叉形成的学科；它属于应用经济学大类中的生产力要素经济学。

资源经济学认为，经济的本质是人为将自然资源转换为生存资料。资源有社会资源和自然资源之别。社会资源包括人力、知识、信息、科学、技术以及累积起来的资本及社会财富等，其最大特征为累积性和可变性。自然资源包括土地、森林、草原、降水、河流湖泊、能源、矿产等，其本质特征是有限性，且其中一些资源是不可再生的。与循环经济研究有关的资源经济学内容包括供求关系、价格和税收对供求关系的影响等。能否形成产业之间的"废物变原料"的联系，最终由资源经济学决定。

6.5.3　生态经济学

生态经济学是研究生态系统和经济系统的复合系统的结构、功能及其运动规律的学科，即生态经济系统的结构及其矛盾运动发展规律的学科，是生态学和经济学相结合而形成的一门边缘学科。

（1）生态经济学的产生和发展　生态经济学是二十世纪六七十年代产生的一门新兴学科，但人类社会经济同自然生态环境的关系自古以来就普遍存在。社会经济发展要同其生态环境相适应，是一切社会和一切发展阶段所共有的经济规律。

第二次世界大战以后，科学技术的持续发展、劳动生产率的不断提高和世界经济的快速增长，充分显示出人类干预和改造自然的能力也在逐渐增强。然而，与此同时出现了大量的环境污染和生态退化问题，其严重程度是人们始料未及的。随着时间的推移，环境和资源问题从局部向全局、从区域向全球扩展，世界范围内的人口骤增、粮食短缺、环境污染、资源不足和能源危机不仅威胁着人类的生存状态，而且制约着社会的进一步发展。当科学家们探索以上问题产生的历史原因、发展趋势、预防措施和解决途径之时，从一开始他们就发现：单纯从生态学或从经济学的角度来解释和研究这些问题，是难以找到答案的，只有将生态学和经济学有机结合起来进行分析，才能从中寻求到既发展社会经济又保护生态环境的解决之策。至此，生态经济学应运而生，这也是社会发展到一定阶段的必然结果。

20世纪60年代，美国经济学家鲍尔丁发表了一篇题为《一门科学——生态经济学》的文章，首次提出了"生态经济学"这一概念。美国另一经济学家列昂捷夫则是第一个对环境保护与经济发展的关系进行定量分析研究的科学家，他使用投入－产出分析法，将处理工业污染物单独列为一个生产部门，除了原材料和劳动力的消耗外，把处理污染物的费用也包括在产品成本之中。他在污染对工业生产的影响方面进行了详尽的分析。

1980年，联合国环境规划署召开了以"人口、资源、环境和发展"为主题的会议。会议充分肯定了上述四者之间的关系是密切相关、互相制约、互相促进的，并指出，各国在制定新的发展战略时对此要切实重视和正确对待。同时，联合国环境规划署在对人类生存环境的各种变化进行观察分析之后，确定将"环境经济"（即生态经济）作为1981年《环境状况报告》的第一项主题。由此表明，生态经济学作为一门既有理论性又有应用性的新兴科学，开始为世人所瞩目。

（2）生态经济学的研究特点　　生态经济学的研究具有综合性、层次性、地域性和战略性四大特点：

① 综合性。生态经济学是以自然科学同社会科学相结合来研究经济问题，从生态经济系统的整体上研究社会经济与自然生态之间的关系。

② 层次性。从纵向来说，包括全社会生态经济问题的研究，以及各专业类型生态经济问题的研究，如农田生态经济、森林生态经济、草原生态经济、水域生态经济和城市生态经济等。其下还可以再加以划分，如农田生态经济，又包括水田生态经济、旱田生态经济，并可再按主要作物分别研究其生态经济问题。从横向来说，包括各种层次区域生态经济问题的研究。

③ 地域性。生态经济问题具有明显的地域特殊性，生态经济学研究要以一个国家或一个地区的国情或地区情况为依据。

④ 战略性。社会经济发展，不仅要满足人们的物质需求，而且要保护自然资

源的再生能力；不仅追求局部和近期的经济效益，而且要保持全局和长远的经济效益，永久保持人类生存、发展的良好生态环境。生态经济研究的目标是使生态经济系统整体效益优化，从宏观上为社会经济的发展指出方向，因此具有战略意义。

（3）生态经济学的研究内容   生态经济学的研究内容除了经济发展与环境保护之间的关系外，还有环境污染、生态退化、资源浪费的产生原因和控制方法；环境治理的经济评价；经济活动的环境效应等。另外，它还以人类经济活动为中心，研究生态系统和经济系统相互作用而形成的复合系统及其矛盾运动过程中发生的种种问题，从而揭示生态经济发展和运动的规律，寻求人类经济发展和自然生态发展相互适应、保持平衡的对策和途径。更重要的是，生态经济学的研究结果还应当成为解决环境资源问题、制定正确的发展战略和经济政策的科学依据。总之，生态经济学研究与传统经济学研究的不同之处就在于，前者将生态和经济作为一个不可分割的有机整体，改变了传统经济学的研究思路，促进了社会经济发展新观念的产生。其主要研究内容包括：

① 生态经济基本理论研究。这方面主要包括社会经济发展同自然资源和生态环境的关系，人类的生存、发展条件与生态需求，生态价值理论，生态经济效益，生态经济协同发展等。

② 生态经济区划、规划与优化模型研究。用生态与经济协同发展的观点指导社会经济建设，首先要进行生态经济区划和规划，以便根据不同地区的自然经济特点发挥其生态经济总体功能，获取生态经济的最佳效益。城市是复杂的人工生态经济系统，人口集中，生产系统与消费系统强大，但还原系统薄弱，生态环境容易恶化。农村直接从事生物性生产，发展生态农业有利于农业稳定、保持生态平衡、改善农村生态环境。根据不同地区城市和农村的不同特点，研究其最佳生态经济模式和模型是一个重要的课题。

③ 生态经济管理研究。计划管理应包括对生态系统的管理，经济计划应是生态经济社会发展计划。要制定国家的生态经济标准和评价生态经济效益的指标体系；从事重大经济建设项目，要做出生态环境经济评价；要改革不利于生态与经济协同发展的管理体制与政策，加强生态经济立法与执法，建立生态经济的教育、科研和行政管理体系。生态经济学要为此提供理论依据。

④ 生态经济史研究。生态经济问题有历史普遍性，同时随着社会生产力的发

展，又有历史的阶段性。进行生态经济史研究，可以探明其发展的规律性，指导现实生态经济建设。

关于环境经济学、生态经济学和资源经济学三者的关系，学术界还没有一致的看法。有的学者认为，这三门学科的研究对象是相同的，只是名称不同而已。生态经济学是研究经济发展和生态系统之间的相互关系，经济发展如何遵循生态规律的科学，这同环境经济学研究的对象和内容是相同的。资源经济学是研究整个资源开发利用中的经济问题。环境保护从实质上讲也是保护环境资源、合理利用环境资源问题，两者研究的内容基本上是一致的。有些学者认为，这三门学科研究的内容有密切的联系，其中既有共同的部分，又有不同的部分。它们分别研究环境、生态系统和资源开发利用中的经济问题，虽然有一部分重叠交叉，但研究的重点和角度不一样，各自都是一门独立的学科。

6.6 产业生态学理论

6.6.1 产生背景

随着世界工业化进程的不断深入，工业活动极大地推动了世界经济的快速发展，为社会进步奠定了坚实的物质基础。由于传统工业发展模式导致了严重的环境污染和资源浪费，因此，这种发展模式正受到越来越多的质疑。作为一个生态系统，地球的资源和自净能力是有限的，当人类对资源的利用和排放到环境中的废物达到一定程度时，经济发展和资源环境的矛盾会激化。在处理资源和环境的问题上，控制环境污染的理论、方法经历了漫长的演变过程，如图6-9所示。

18世纪，由于工业水平和人类活动有限，环境问题不是很突出，环境容量较大，污染物处于自由排放阶段。到了20世纪60年代，随着工业化进程的快速推进，人类活动对环境的扰动加强，环境质量急剧下降，环境开始反作用于人类，影响人类的健康甚至生存，于是人们开始注意控制污染物排放及对已经造成的污染进行治理，从而进入了工业污染的末端治理阶段。到了20世纪70年代，随着对环境问题理解的不断加深，人们认识到解决环境问题必须从源头和生产过程着手，于是提出了清洁生产的概念，从而改变了过去被动的、滞后的污染控制手段。20世纪80年代，由于生态学理论的影响，人们又进一步认识到现代产业是交织发展的，可以将其看作是一个人工产业系统。通过模仿自然生态系统，有望在这个人工系统中实现各种产业向生态系统发展，使各种物质和能量获得高效的利用，于是产业生态学思想就应运而生了。

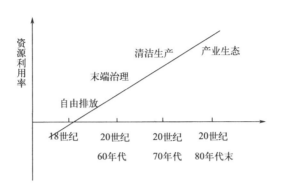

图 6-9　控制环境污染方法的演变方法

6.6.2　定义和发展

目前，不少学者和研究机构从不同角度对产业生态学的概念进行了阐释，代表性的几种定义具体如下。

① 美国国家科学院的定义。1991年，美国国家科学院将产业生态学定义为：产业生态学是对各种产业活动及其产品与环境之间相互关系的跨学科研究。

② 美国电气和电子工程师协会的定义。1995年，美国电气和电子工程师协会在《持续发展与产业生态学白皮书》中，对产业生态学的定义做了如下界定：产业生态学是对产业和经济系统及其自然系统间相互关系的跨学科研究，可以看作是一门研究可持续发展的学科。

③ 里德的定义。1997年，《产业生态学》杂志主编里德在发刊词中提出：产业生态学是一门迅速发展的系统科学分支，它从局部、地区和全球三个层次系统地研究产品、工艺、产业部门和经济部门中的物流和能流，其焦点是研究产业界如何降低产品生命周期过程（包括原材料采掘与生产、产品制造、产品使用和废弃物管理）中的环境影响。

④ 格雷德尔教授与艾伦比的定义。1995年，耶鲁大学格雷德尔教授与艾伦比

在《产业生态学》教材中对产业生态学的概念进行了完善："产业生态学是人类经济、文化和技术不断发展的前提下，对整个物质周期过程加以优化的系统方法；产业生态学的目的是协调产业系统与自然环境的关系。"

⑤ 我国学者王如松教授的定义。我国学者王如松认为，产业生态学是一门研究社会生态活动中自然资源从源、流到汇的全代谢过程、组织管理体制以及生产消费行为调控的系统科学。

自20世纪50年代以来，产业生态学的发展大致经历了萌芽、成形和蓬勃发展三个阶段。

① 萌芽阶段。早在19世纪生态学发展的初期，H·奥德姆和R·玛格利特等已经意识到人类活动同样遵循自然生态系统的规律。然而当时，生态学家更多地将精力集中在与自然生态系统相似的农业生态系统研究上。二十世纪五六十年代，生态学的蓬勃发展才使人们产生了能否模仿自然生态系统，按照其物质循环和能量流动的规律重构产业系统的想法。

20世纪60年代末，由于工业化过程的环境代价过高，日本国际贸易和工业部成立了独立的咨询机构——产业机构委员会。该委员会开展了一系列前瞻性研究，其下属的产业生态工作小组提出了以生态学的观点重新审视现有的产业体系和在"生态环境"中发展经济的观念。1972年5月，该小组发表了题为《产业生态学，将生态学引入产业政策的引论》的报告，这为后来的很多相关研究奠定基础。

20世纪70年代以后，产业生态学的思想已经初具雏形。泰勒于1972年提出了一些与目前的产业生态学思想十分接近的观念。1976年，在联合国欧洲经济委员会组织的"技术与无废料生产"报告会上，与会者提出了很多类似清洁生产和产业生态学概念的观点。在1977年，美国地球化学家P·克劳德在其论文中使用了"产业生态学"一词。1978年，日本通产省发起了提高能源使用效率的"月光计划"，1980年创立了"新能源发展组织"，不久后发起了"全面环境技术项目"。上述一系列活动大大推动了产业生态学的形成和发展。

20世纪80年代初期，产业生态学研究的典型代表是"比利时生态系统"研究。1983年，比利时政治研究与信息中心出版发行了题为《比利时生态系统：产业生态学研究》的专著，该书总结了生物、化学、经济学等领域6位学者对产业系统存在问题的思考，其基本出发点是深信生态学的观念和方法可以运用到现代产业社会的运行机构研究中，并以此指导新时代相关方面的发展。该书清楚地表达了产业生态学研究的基本思想，即要用生态学观点分析产业活动。要对企业及其供应商的产品流通销售网络以及产品消费之间的关系进行研究；要把产业社会看作一个生态系统，该系统的物质和能量流动与资源管理密切相关。

②　成形阶段。产业生态学的成形阶段是在 20 世纪 80 年代末至 90 年代初。这个时期以弗罗施等人开展的"产业代谢"研究为代表，旨在模拟生物代谢和生态系统的循环再生过程。1989 年 9 月，弗罗施和加劳布劳斯在《科学美国人》发表了题为《可持续工业发展战略》一文，完善了产业生态学的概念，认为产业系统应向自然生态系统学习，并建立类似自然生态系统的产业生态系统。在这样的系统中，每个产业部门必须与其他产业部门相互联系、相互依存，物质和能源得到优化利用，物质消耗和污染物实现最小化，而且生产的产品更具有经济性。弗罗施在《产业废物影响最小化》的论文中提出了产品设计者在物质循环中起着关键作用，产品应设计得更易于循环和再用，以实现物质利用率的提高和废物产生量的减少等观点。20 世纪 80 年代末期，美国国家工程科学院曾发起过科技与环境计划，并于1989 年出版了其第一个报告文集《科技与环境》，其中包含了许多具有产业生态学导向的观点。此外，上述相关研究者还认为，更加合理的产业活动模式应该建立在全球环境可持续发展基础之上。

③　发展阶段。20 世纪 90 年代以来，产业生态学的伦理研究与实践进入蓬勃发展阶段，特别是在可持续发展思想的影响下，产业界、环境学界和生态学界均对产业生态学的理论、方法和实践展开了研究，使产业生态学的系统性和创新性得到进一步显现。

1991 年，美国国家科学院与贝尔实验室共同组织了首次产业生态学论坛，对产业生态学的概念、内容和方法以及应用前景进行了全面系统总结，基本形成了产业生态学的概念框架。贝尔实验室的库马尔认为：产业生态学是对各种产业活动及其产品与环境之间相互关系的跨学科研究。

1995 年，日本国际贸易和工业部在一份名为《可持续发展与产业生态学白皮书》的报告中指出：产业生态学探讨产业系统与经济系统以及它们同自然系统的相互关系，其研究涉及诸多学科领域，包括能源供应与利用、新材料、新技术、基础科学、经济学、法律学、管理科学以及社会科学等，是一门研究可持续能力的科学。

1997年，由耶鲁大学和麻省理工学院共同创办了全球第一本《产业生态学》杂志。该刊主编里德在发刊词中进一步明确了产业生态学的性质、研究对象和内容。同年，麻省理工学院在全美率先开设了产业生态学课程。1998年9月，耶鲁大学成立了产业生态学研究中心。

2000年1月，国际产业生态学学会在美国纽约成立，其任务是推动产业生态学在研究、教育、政策、社会发展以及产业实践中的应用。该学会还在荷兰莱顿举行了产业生态学的科学和文化研讨会。2001年，美国康奈尔大学成立了美国国家生态产业发展研究中心。

2002年，国际工业生态学学会（ISIE）与第五届国际生态平衡大会在日本筑波市联合举办"2002年生态平衡会议"。同年，国际环境毒理与化学学会（SETAC）和ISIE在巴塞罗那举行第十届生命周期案例研讨和产业生态联合会议。2003年6月，ISIE在美国密歇根大学举行第二届产业生态学会议，会议的主题是"可持续交通"和"可持续消费"。2005年6月，ISIE在瑞典斯德哥尔摩皇家技术学院举行第三届产业生态学会议，重点探讨了产业生态学对地球和人类可持续发展的贡献。2007年6月，ISIE在多伦多举行了第四届产业生态学会议，会议的主题为可持续型社会代谢，并且对生命周期评价、物质流分析以及生态效率等进行了讨论。

2004年11月，为了推动产业生态学在中国的发展，清华大学和美国耶鲁大学在清华大学联合举办了产业生态学教学研讨会，32所高校的相关人士参加了为期三天的研讨。

6.6.3　研究内容

在短短几十年中，产业生态学广泛吸取了其他学科的理论、方法，形成了自身的理论和方法体系，其研究内容包括以下几个方面：

（1）研究产业系统与自然生态系统之间的关系　构建产业生态系统就是使产业系统与自然生态系统协调发展，这是产业生态学众多研究领域中的一个方面。产业生态学认为产业系统与生态系统是不对立的，前者是后者的一个特殊子系统；产业系统在很大程度上属于一级生态系统的范畴，还是一个处于发展初期的生态体系，需要从理论和方法上研究如何推动其向高级生态系统演化，从而与整个自然生态系统保持和谐发展。

自然生态系统既是产品的原料来源地，又是产品或废物的汇集地，因此需要从地方、区域和全球三个层次上扩展我们对自然生态系统的认识，监测和分析自然生态系统的环境容量，详细了解自然生态系统的自净能力、恢复时间，并尽可能获取目前环境状况的真实信息。在此基础上依据自然生态系统的环境容量来平衡产业系统的输入、输出量。产业生态系统与自然生态系统有着类似的生态特征，如消耗物质和能量、产生废物、对环境具有适应性等。通过比较、借鉴自然生态系统中的新陈代谢、食物链、食物网、生态位、生态平衡等概念和机理，探讨产业生态系统中的物质流、能量流和信息流及其构成的"食物网"形态，探讨物质集成与能量集成方式，探讨产业系统适应外界环境干扰的柔性。

（2）研究产业系统代谢过程模拟与改进　产业代谢是模拟生物和自然生态系统代谢功能的一种系统分析方法。与自然生态系统相似，产业生态系统也包括四个基本组成部分，即生产者、消费者、再生者和外部环境，通过分析系统结构变化，进行功能模拟和分析产业流来研究产业生态系统的代谢机能和控制方法。物质与能量流动分析是产业代谢分析中较为成熟的定量分析工具，其主要观点是：目前许多环境问题都是由社会经济系统消耗大量的物质和能量引起的，这些来源于自然环境的资源流动可能会造成一定的环境压力。这就需要我们认真研究不同层面内的工业系统以及产品生产过程中的物质和能量流动，以及这些流动对经济和自然环境的影响，同时探讨减少这些影响的途径。当前这方面的研究主要集中于分析框架、评价指标筛选以及数据收集和处理等。

（3）针对生态效率的研究　生态效率对企业可持续发展具有重要的促进作用，由于它能够反映可持续发展所追求的经济和环境双赢的目标，后来逐渐被广泛应用于区域和国家层面，成为在不同层次上落实可持续发展目标的重要切入点，得到了许多企业和政府的认可和接受，也成为政策制定者的重要参考指标。生态效率是当前产业生态学的研究热点之一，其中包括生态效率指标体系的构建以及生态系统的提高途径，如物质减量化、能源效率提高以及能源脱碳等，研究的核心是分析相关影响因素以及开发适宜的评价方法。

（4）开展产品生命周期评价研究　生命周期评价的英文缩写为 LCA，其评价对象包括产品及与之相关的工艺或活动，分析其从原材料采集到产品生产、运输、销售、使用、再利用和最终处置整个生命周期中能量和物质的消耗以及环境释放，评价这些消耗和释放对环境的影响，最后提出减少这些影响的措施。生命周期评价的基本结构分为定义目标与确定范围，清单分析，影响评价和改革评价四个部分。

（5）面向环境设计研究 面向环境设计的英文缩写为DFE。在20世纪90年代初，面向环境设计作为一种产品设计的新理念被提出。目前，在国外有两个相似的术语，即生态设计和生命周期设计。它们都要求在产品开发的设计阶段就考虑生态要求和经济要求之间的平衡，考虑所设计产品可能对环境造成影响的问题，从而使设计的产品在整个生命周期中对环境影响最小，其最终目标是建立可持续产品的生产和消费体系。

参考文献

[1] 梁士楚，李铭. 生态学 [M]. 武汉：华中科技大学出版社，2015.

[2] 罗敏编，李家彪. 生态文明与环境保护 [M]. 上海：上海科学技术文献出版社，2021.

[3] 张修玉，施晨逸. 新时代生态文明建设中国路径与实践 [M]. 北京：中国环境出版集团，2022.

[4] 李威. 生态文明的理论建设与实践探索 [M]. 哈尔滨：黑龙江教育出版社，2020.

[5] 曲向荣. 生态学与循环经济 [M]. 沈阳：辽宁大学出版社，2009.

[6] 赵景联，徐浩. 环境科学与工程导论 [M]. 北京：机械工业出版社，2019.

[7] 段昌群，盛连喜. 资源生态学 [M]. 北京：高等教育出版社，2017.

[8] 余谋昌，雷毅. 环境伦理学 [M]. 北京：高等教育出版社，2019.

[9] 祖林. 如何实现企业高质量发展之三：与产业生态相融共生 [J]. 现代班组，2023（02）：22–23.

[10] 王骁彬. 环境循环经济理论与实践在城市生态建设中的运用 [J]. 环境工程，2022，40（01）：260–261.

[11] 卫思谕. 生态经济学支撑可持续发展 [N]. 中国社会科学报，2022，06.

[12] 张清俐. 确立经济发展的生态边界 [N]. 中国社会科学报，2015，08.

第7章　污染物总量控制与节能减排基本理论

7.1　污染物总量控制理论

7.1.1　总量控制的概念

总量控制是环境总量控制的简称，是指根据某一城市、地区或区域自然环境的自净能力，依据环境质量标准，控制污染源的排放总量，把污染物负荷总量控制在自然承载能力范围之内。总量控制主要是从定量的角度，把水域看作一整体，根据水体功能要求和污染源分布情况，推算出达到该环境目标允许的污染物最大排放量，然后通过优化计算确定分配到各污染源的排放量及其削减量，并确定治理措施，以达到改善水质和满足水环境质量标准的双重目的。

7.1.2　污染物总量控制的类型和优点

7.1.2.1　污染物总量控制的类型

污染物总量控制可分为容量总量控制、目标总量控制和行业总量控制三种类型，具体如下：

（1）容量总量控制　容量总量控制是把允许排放的污染物总量控制在受纳水体规定的水质标准范围内。这里，总量是基于受纳水体中的污染物不超过水质标准允许的排放限额。容量控制的特点是将水污染控制管理目标与水质目标紧密联系，用水环境容量方法直接计算出受纳水体的接纳污染物总量，并将其分配到陆上污染控制区和污染源。该方法可确定总量控制的最终目标和阶段性目标，其主要步骤：受纳水域容许纳污量→控制区域容许排污量→总量控制方案技术、经济评价→排放口总量控制负荷指标。

（2）目标总量控制　目标总量控制是将允许排放污染物总量控制在管理目标

规定的污染负荷削减范围内，这里总量是基于源排放污染物不超过管理上达到的允许限额。其特点是可达性清晰。目标总量控制主要步骤：控制区域容许排污量→总量控制方案技术、经济评价→排放口总量控制负荷指标。

（3）行业总量控制 行业总量控制是从工艺着手，通过控制生产过程中的资源和能源的投入以及控制污染源的产生，使排放的污染物总量限制在管理目标规定的限额之内。这里总量是基于资源、能源的利用水平以及少废、无废工艺的发展水平。其特点是把污染控制与生产工艺的改革及资源、能源的利用紧密联系起来。行业总量控制主要步骤：总量控制方案技术、经济评价→排放口总量控制负荷指标。

7.1.2.2 污染物总量控制的优点

目前，总量控制理论被广泛应用于污染物控制，主要是基于其具有如下特点：

第一，总量控制通过限制水环境中污染物的总量，无论区域污染源是否增加，只要排入水体中的污染物负荷总量不超过水环境容量，就可实现水质目标，避免浓度控制下通过稀释排放达标的弊端。

第二，总量控制将水域看作一个整体，将污染源排污和水体环境标准直接联系起来，不但可保证水环境保护目标的实现，而且还可充分利用水环境容量。

第三，总量控制方法确定的污染源治理方案，既考虑各污染源在具体的经济、技术和规模上的差异，又可发挥污染源集中处理的优势，经济又合理。

第四，总量控制的管理方式具有针对性和灵活性的特点，为排污许可证和排污权交易的开展和实施奠定基础。

7.2 我国污染物排放总量控制

7.2.1 污染物总量控制目标

"十二五"（2011—2015年）期间，全国主要污染物排放总量控制规划，四大主要污染物平均排放量在2015年年末预计分别比2010年年末下降10%。已确定2011年的四大环保指标，即二氧化硫、化学需氧量、氨氮、氮氧化物的总排放量分别比上一年下降1.5%。与"十一五"时期着重结构减排和工程减排不同，"十二五"时期国家推行四大环保战略，以加快主要污染物减排，实施强化总量减排倒逼机制。四大环保战略包括：第一，坚持源头预防和全过程综合推进；第二，强化总量减排的倒逼传导机制，在实现污染物排放量降低的同时，促进污染物产生量的降低；第三，在行业上抓好总量控制，包括等量置换、减量置换；第四，推行重金属、挥发性有机化合物（VOC）的区域性总量控制。此外，为了落实"十二五"总量控制目标，对污染物排放总量超过区域污染物排放总量控制指标的新建项目将不予准入。例如，山东省实施用水总量控制管理办法，从 2011 年 1 月 1 日起正式实施，取用水总量达到或超过用水总量控制指标的地区，将被禁止新增取水。

"十三五"（2016—2020 年）期间，全国主要污染物排放总量控制规划，化学需氧量和氨氮、二氧化硫和氮氧化物排放总量在 2020 年年末分别比 2015 年年末下降 10%、15%。在继续实施化学需氧量、氨氮、二氧化硫、氮氧化物排放总量控制基础上，将重点地区重点行业挥发性有机物、重点地区总氮及重点地区总磷作为预期性总量减排指标，实施区域性、流域性、行业性差别化总量控制指标。在过去 10 年，总量控制对削减污染物排放、遏制环境质量退化、建立政府环境保护目标责任制等起到了积极而有效的作用。"十三五"时期是遏制污染物排放增量、实现总量减排及环境质量改善的关键时期，要以提高环境质量为核心。环境质量是根本目标，污染减排是重要手段。我国一些主要污染物排放量仍高达 2000 万吨左右，只有再减少 30% ~ 50%，环境质量才会明显改善。

7.2.2　污染物总量控制指标

污染物总量控制是指以控制一定时段内、一定区域内排污单位排放污染物总量为核心的环境管理体系，主要包含污染物排放总量、污染物排放总量的地域范围和污染物排放的时间跨度三方面。通常有三种类型：目标总量控制、容量总量控制和行业总量控制。目前我国的总量控制基本上是目标总量控制。

总量控制的对象主要是国家"九五"期间重点污染控制的地区和流域，包括酸雨控制区和二氧化硫控制区，淮河、海河、辽河流域，太湖、滇池和巢湖流域。"十五"（2001—2005 年）期间，国家污染排放总量控制指标有：二氧化硫、烟尘、工业粉尘、化学需氧量、氨氮、工业固体废物。"十一五"期间国家污染排放总量控制指标：水污染物总量控制指标，化学需氧量；大气污染物总量控制指标，二氧化硫。"十二五"期间国家污染排放总量控制指标：大气污染物总量控制指标，二氧化硫、氮氧化物；水污染物总量控制指标，化学需氧量、氨氮。"十三五"期间国家污染排放总量控制指标，在化学需氧量、氨氮、二氧化硫、氮氧化物排放总量控制基础上，增加区域性污染物排放总量控制指标。主要污染物减排是从"十一五"正式开始的。另外，省级地方人民政府可以根据本地实际，确定地方的污染物排放总量控制指标。

7.2.3　污染物总量控制指标分配原则及步骤

（1）分配原则　在确保实现全国总量控制目标的前提下，综合考虑各地环境质量状况、环境容量、排放基数、经济发展水平和削减能力以及各污染防治专项规划的要求，对东、中、西部地区实行区别对待。在国家确定的水污染防治重点流域、海域专项规划中，还要控制氨氮（总氮）、总磷等污染物的排放总量，控制指标在各专项规划中下达，由相关地区分别执行，国家统一考核。

（2）分配程序　污染物总量控制指标的分配程序应遵循以下三步来进行。

重点污染物排放总量控制指标，由国务院环境保护主管部门在征求国务院有关部门和各省、自治区、直辖市人民政府意见后，会同国务院经济综合宏观调控部门报国务院批准并下达实施。

省、自治区、直辖市人民政府应当按照国务院的规定削减和控制本行政区域的重点水污染物排放总量。具体办法由国务院环境保护主管部门会同国务院有关部门规定。

省、自治区、直辖市人民政府可以根据本行政区域环境质量状况和污染防治工作的需要，对国家重点水污染物之外的其他污染物排放实行总量控制。

（3）排污许可制　依据《中华人民共和国国民经济和社会发展第十四个五年规划和2035年远景目标纲要》，排污许可制是指排污单位需依照《排污许可管理条例》申请取得排污许可证后进行排污，是依法规范企业排放污染物行为的一项基础性环境管理制度。排污许可证作为企业生产运营期间排放污染物行为的唯一行政许可，同时也是企业接受环境监管的主要法律文书。

① 排污许可制是落实企事业单位总量控制要求的重要手段，通过排污许可制改革，改变从上往下分解总量指标的行政区域总量控制制度，建立由下向上的企事

业单位总量控制制度，将总量控制的责任回归到企事业单位，从而落实企业对其排放行为负责、政府对其辖区环境质量负责的法律责任。

② 排污许可证载明的许可排放量即为企业污染物排放的天花板，是企业污染物排放的总量指标，通过在许可证中载明，使企业知晓自身责任，政府明确核查重点，公众掌握监督依据。一个区域内所有排污单位许可排放量之和就是该区域固定源总量控制指标，总量削减计划即为对许可排放量的削减；排污单位年实际排放量与上一年度的差值，即为年度实际排放变化量。

③ 改革现有的总量核算与考核办法，总量考核服从质量考核。把总量控制污染物逐步扩大到影响环境质量的重点污染物，总量控制的范围逐步统一到固定污染源，对环境质量不达标地区，通过提高排放标准等，依法确定企业更加严格的许可排放量，从而服务改善环境质量的目标。

7.3　节能减排基本理论

7.3.1　我国能源发展总体情况

我国的能源资源十分丰富，而且数量也相当可观。根据 2023 年《新时代的中国能源发展》白皮书，2022 年，我国能源消费较快增长，全年能源消费 54.1 亿吨标准煤，同比增长 2.9%。能源消费结构进一步优化，非化石能源消费比重比上年提高 0.8 个百分点。2022 年，我国能源供应能力和水平不断提升，全年一次能源生产总量 46.6 亿吨标准煤，同比增长 9.2%。原煤产量 45.6 亿吨，同比增长 10.5%。原油产量 20472.2 万吨，同比增长 2.9%。天然气产量 2201.1 亿立方米，同比增长 6.0%。发电量 88487.1 亿千瓦·时，同比增长 3.7%。煤、油、气产量稳步增长，电力装机和发电量较快增长。

截至 2022 年底，全国发电装机容量 256405 万千瓦，比上年末增长 7.8%。火电装机容量 133239 万千瓦，增长 2.7%；水电装机容量 41350 万千瓦，增长 5.8%；核电装机容量 5553 万千瓦，增长 4.3%；并网风电装机容量 36544 万千瓦，增长 11.2%；并网太阳能发电装机容量 39261 万千瓦，增长 28.1%。2022 年，水电、核电、风电、太阳能发电等清洁能源发电量 29599 亿千瓦·时，比上年增长 8.5%。

我国能源资源总量比较丰富，但由于人口众多，人均能源资源拥有量在世界上处于较低水平。煤炭和水力资源人均拥有量相当于世界平均水平的50%，石油、天然气人均资源量仅为世界平均水平的1/15左右。耕地资源不足世界人均水平的30%，制约了生物质能源的开发。此外，长期以来，我国主要依靠本国能源资源发展经济，能源自给率一直保持在90%以上，远远高于多数发达国家。尽管中国能源消费增长较快，但人均能源消费水平还很低，仅相当于世界平均水平的3/4，人均石油消费只相当于世界平均水平的1/2，石油人均进口量也只相当于世界平均水平的1/4，远低于世界发达国家水平。

7.3.2　节能减排概念

节能减排有广义和狭义之分：广义而言，节能减排是指节约物质资源和能量资源，减少废弃物和环境有害物排放；狭义而言，节能减排是指节约能源和减少环境有害物排放。

节能减排的本质是节约能源、降低能源消耗、减少污染物排放，涉及节能和减排两大技术领域，二者既有联系，又有区别。一般来说，节能必定减排，而减排却未必节能，所以减排项目必须加强节能技术的应用，以避免因片面追求减排结果而造成的能耗激增，注重社会效益和环境效益均衡。

《中华人民共和国节约能源法》所称节约能源（简称节能），是指加强用能管理，采取技术上可行、经济上合理以及环境和社会可以承受的措施，从能源生产到消费的各个环节，降低消耗、减少损失和污染物排放、制止浪费，有效、合理地利用能源。

7.3.3　节能减排的目标和措施

（1）我国节能减排的目标　我国快速增长的能源消耗和过高的石油对外依存度促使政府不断深入开展节能减排工作。《国民经济和社会发展第十二个五年规划纲要》中明确提出了"十二五"期间，我国节能减排的目标，即到2015年，单位GDP二氧化碳排放量降低17%；单位GDP能耗下降16%；非化石能源占一次能源消费比重提高3.1%，从8.3%到11.4%；主要污染物排放总量减少8%～10%。

"十二五"规划提出的约束性指标更加明确了国家节能减排的决心。

国务院发布的《"十三五"节能减排综合工作方案》中明确提出了"十三五"期间节能减排主要目标，到2020年，全国万元国内生产总值能耗比2015年下降15%，能源消费总量控制在50亿吨标准煤以内。全国化学需氧量、氨氮、二氧化硫、氮氧化物排放总量分别控制在2001万吨、207万吨、1580万吨、1574万吨以内，比2015年分别下降10%、10%、15%、15%。全国挥发性有机物排放总量比2015年下降10%以上。

（2）我国节能减排的实施措施　《中华人民共和国节约能源法》指出"节约资源是我国的基本国策。国家实施节约与开发并举、把节约放在首位的能源发展战略"。节能减排的具体实施措施主要包括：

措施1：控制增量，调整和优化结构。

继续严把土地、信贷"两个闸门"和市场准入门槛，严格执行项目开工建设必须满足的土地、环保、节能等"六项必要条件"（符合国家相关产业政策、发展规划和市场准入标准；按规定完成投资项目的审批、核准或备案；按规定开展建设项目用地审批，依法完成农用地转用和土地征收审批，并领取土地使用证；按规定完成环境影响评估审批；按规定完成节能评估；符合信贷、安全管理、城乡规划等规定和要求），要控制高耗能、高污染行业过快增长，加快淘汰落后生产能力，完善促进产业结构调整的政策措施，积极推进能源结构调整，制定促进服务业和高技术产业发展的政策措施。

措施2：强化污染防治，全面实施重点工程。

加快实施十大重点节能工程。实施水资源节约项目。加快水污染治理工程建设。推动燃煤电厂二氧化硫治理。多渠道筹措节能减排资金。

措施3：创新模式，加快发展循环经济。

深化循环经济试点，推进资源综合利用，推进垃圾资源化利用，全面推进清洁生产。组织编制重点行业循环经济推进计划。制定和发布循环经济评价指标体系。深化循环经济试点，利用国债资金支持一批循环经济项目。全面推行清洁生产，对节能减排目标未完成的企业，加大实行清洁生产审核的力度，限期实施清洁生产改造方案。

措施4：依靠科技，加快技术开发和推广。

加快节能减排技术研发，加快节能减排技术产业化示范和推广，加快建立节能减排技术服务体系，推进环保产业健康发展，加强国际交流合作。加强节能环保电力调度。加快培育节能技术服务体系，推行合同能源管理，促进节能服务产业化发展。

措施5：夯实基础，强化节能减排管理。

出台《节能目标责任和评价考核实施方案》，建立"目标明确，责任清晰，措施到位，一级抓一级，一级考核一级"的节能目标责任和评价考核制度。严格执行固定资产投资项目节能评估和审查制度。强化对重点耗能企业，特别是千家企业节能工作的跟踪、指导和监管，对未按要求采取措施的企业向社会公告，限期整改。加强电力需求侧管理。扩大能效标识在三相异步电动机、变频空调、多联式空调、照明产品及燃气热水器上的应用。扩展节能产品认证范围，建立国际协调互认。组织开展节能专项检查。研究建立并实施科学、统一的节能减排统计指标体系和监测体系。

措施6：对高耗能企业采取节能措施。

各种新型、节能先进炉型日趋完善，且采用新型耐火纤维等优质保温材料后使得炉窑散热损失明显下降。采用先进的燃烧装置强化了燃烧，降低了不完全燃烧量，空燃比也趋于合理。然而，降低排烟热损失和回收烟气余热的技术仍进展不快。为了进一步提高窑炉的热效率，达到节能降耗的目的，回收烟气余热也是一项重要的节能途径。

措施7：加强宣传，提高全民节约意识。

组织好每年一度的全国节能宣传周、全国城市节水宣传周及世界环境日、地球日、水宣传日活动。把节约资源和保护环境理念渗透在各级各类的学校教育教学中，从小培养儿童的节约意识。加大发展循环经济、建设节约型社会宣传力度。组织开展全国节能宣传周活动和节能科普宣传活动，实施节能宣传教育基地试点，组织《中华人民共和国节约能源法》和《中华人民共和国循环经济促进法》宣传和培训工作，开展节能表彰和奖励活动。

7.4　主要污染物总量减排核算

7.4.1　减排核算概述

减排核算是指对一定时间、一定区域范围内污染物减排相关数据、污染减排项目进行核实和确认的基础上，依据统一计算原则和方法，计算核定 COD、SO_2 总量减排的过程。核算的重点是核实采用的相关数据和遴选上报的减排项目，主要包括 COD、SO_2 排放量的核算。

对污染物总量减排核算时，应依据生态环境部印发的《主要污染物总量减排核算技术指南（2022 年修订）》执行，做到统一核算范围，统一计算方法，统一认定尺度，统一取值标准。此外，还应遵循以下原则：

① 坚持实事求是，反对弄虚作假，要使核算数据准确反映各地区核算期主要污染物排放情况。

② 坚持与环境统计制度相结合，认真做好核算数据与统计报表衔接，确保数据的真实性和可比性。

③ 坚持现场调查与资料审查相结合，重点核算各地区核算期主要污染物排放量的变化情况。

7.4.2　COD 总量减排核算

对于 COD 总量减排核算，主要涉及工业污染源 COD 总量减排核算、城镇生活污染源 COD 总量减排核算、农业污染源 COD 总量减排核算和集中式污染治理设施 COD 总量减排核算等方面。

（1）工业污染源 COD 总量减排核算　工业污染源 COD 总量减排核算采用全口径核算和行业宏观核算两种方法。造纸及纸制品业、纺织业采用全口径核算方法，其他工业行业采用宏观核算方法。工业 COD 排放量核算公式如下：

$$W_{\text{工业}} = W_{\text{造纸}} + W_{\text{纺织}} + W_{\text{其他}} \tag{7-1}$$

式中，$W_{\text{工业}}$ 为核算期工业 COD 排放量，t；$W_{\text{造纸}}$ 为核算期造纸及纸制品业 COD 排放量，t；$W_{\text{纺织}}$ 为核算期纺织业 COD 排放量，t；$W_{\text{其他}}$ 为核算期其他工业行业 COD 排放量，t。

① 造纸及纸制品业、纺织业COD总量减排核算。造纸及纸制品业、纺织业COD总量减排原则上采用全口径核算和宏观核算两种方法。

a. 全口径核算法。各省（区、市）造纸及纸制品业COD排放量是根据核算期各企业机制纸及纸板（浆）产量、工业总产值、取水量、上年单位产品COD排放量、废水治理设施运行情况等逐一核算的COD排放量之和，核算公式如下：

$$W_{造纸} = \sum\nolimits_{j}^{n} W_{造纸,j} \qquad (7-2)$$

式中，$W_{造纸}$为核算期各省（区、市）造纸及纸制品业COD排放量，t；$W_{造纸,j}$为核算期第j家企业COD排放量，t；n为核算期各省（区、市）造纸及纸制品企业总数。

b. 行业宏观核算法。各省（区、市）造纸及纸制品业COD排放量宏观核算方法，是指采用排污强度法核算新增排放量，采用项目累加法核算新增削减量，核算公式如下：

$$W_{造纸} = W_{造纸上年} + W_{造纸新增} - Q_{造纸} \qquad (7-3)$$

式中，$W_{造纸}$为核算期各省（区、市）造纸及纸制品业COD排放量，t；$W_{造纸上年}$为核算期上年同期各省（区、市）造纸及纸制品业COD排放量，t；$W_{造纸新增}$为核算期各省（区、市）造纸及纸制品业COD新增排放量，t；$Q_{造纸}$为核算期各省（区、市）造纸及纸制品业COD新增削减量，t。

② 纺织业COD总量减排核算。纺织业COD总量减排原则上采用全口径核算方法，暂不具备条件的或各省（区、市）辖区内企业累加的印染布总产量与国家统计数据差异较大的（相差幅度在5%及以上），采用宏观核算方法。各省（区、市）应对辖区内纺织业的所有企业印染布产量、污染治理设施运行情况、污染物排放情况等核实填报。

a. 全口径核算法。各省（区、市）纺织业COD排放量是根据核算期所有企业印染布产量、工业总产值、取水量、上年单位产品COD排放量、废水治理设施运行情况等逐一核算的COD排放量之和，核算公式参见式（7-2）。

b. 行业宏观核算法。各省（区、市）纺织业COD排放量宏观核算方法，是指采用排污强度法核算新增排放量，核算公式参见式（7-3）。

③ 其他工业行业COD总量减排核算。各省（区、市）其他工业行业COD总

量减排宏观核算方法，是指采用排放强度法核算新增排放量，核算公式参见式（7-3）。

（2）城镇生活污染源COD总量减排核算　城镇生活污染源COD总量减排采用宏观核算方法，基于人均综合产生系数、城镇人口变化情况核算新增量。核算期城镇生活污染源排放量核算公式如下：

$$W_{生活} = W_{上年生活} + W_{生活新增} - Q_{生活削减} \qquad （7-4）$$

式中，$W_{生活}$为核算期城镇生活污染源COD排放量，t；$W_{上年生活}$为核算期上年同期城镇生活污染源COD排放量，t；$W_{生活新增}$为核算期城镇生活污染源COD新增量，t；$Q_{生活削减}$为核算期城镇生活污染源COD新增削减量，t。

（3）农业污染源COD总量减排核算　农业污染源COD排放量是指核算期畜禽养殖业（规模化养殖场、养殖小区、养殖专业户）、水产养殖业、种植业的排放量之和，核算公式如下：

$$W_{总} = W_{畜禽} + W_{水产} + W_{种植} \qquad （7-5）$$

式中，$W_{总}$为核算期农业污染源COD排放量，t；$W_{畜禽}$为核算期畜禽养殖业COD排放量，t；$W_{水产}$为核算期水产养殖业COD排放量，t；$W_{种植}$为核算期种植业COD排放量，t。

（4）集中式污染治理设施COD总量减排核算　集中式污染治理设施包括生活垃圾处理场、危险废物处置厂。原有及新建的上述设施核查期均应核算排放量并按规定纳入"十二五"环境统计调查范围。对纳入2010年排放基数及"十二五"环境统计的生活垃圾处理场，按照要求新建垃圾渗滤液治理设施的，采用项目累加法核算生活垃圾处理场的COD减排量和排放量。核算期集中式污染治理设施COD排放量核算公式如下：

$$W_{集中式} = W_{垃圾} + W_{危废} \qquad （7-6）$$

式中，$W_{集中式}$为核算期该地区集中式污染治理设施COD排放量，t；$W_{垃圾}$为核算期该地区生活垃圾处理场COD排放量，t；$W_{危废}$为核算期该地区危险废物（医疗废物）处置厂COD排放量，t。

核算期生活垃圾处理场COD排放量核算公式如下：

$$W_{垃圾} = W_{垃圾上年} + \sum_{i=1}^{k} \Delta W_{垃圾i} + \sum_{i=1}^{l} W_{新建i} - \sum_{i=1}^{n} Q_{垃圾i} \qquad （7-7）$$

式中，$W_{垃圾上年}$ 为核算期上年同期该地区生活垃圾处理场 COD 排放量，t；$\Delta W_{垃圾i}$ 为核算期该地区第 i 个生活垃圾处理场垃圾实际处理量发生变化导致的 COD 变化量，t；k 为核算期该地区生活垃圾实际处理量发生变化的生活垃圾处理场个数；$W_{新建i}$ 为核算期该地区新建第 i 个生活垃圾处理场 COD 排放量，t；l 为核算期该地区新建生活垃圾处理场个数；$Q_{垃圾i}$ 为核算期该地区第 i 个生活垃圾处理场 COD 新增削减量，t；n 为核算期该地区生活垃圾处理场减排项目个数。

7.4.3 SO$_2$ 总量减排核算

各省（区、市）核算期二氧化硫排放总量是指环境统计口径范围内电力、工业和生活源二氧化硫排放量之和。根据二氧化硫排放的行业特征和减排核算的基础条件差异，二氧化硫总量减排核算采用全口径和宏观核算相结合的方法，分电力、钢铁和其他三部分进行核算。

（1）电力行业 SO$_2$ 总量减排核算　电力行业 SO$_2$ 总量减排核算分为全口径核算和行业宏观核算两种方法，原则上采用全口径核算方法。核算期各省（区、市）和电力集团公司火电装机容量、发电量比统计部门公布的数据小 5% 以上的，或煤炭消耗量（包括发电和供热）小于统计部门公布数据的，采用宏观方法进行核算。

① 全口径核算法。电力行业全口径 SO$_2$ 排放量指核算期本辖区各电厂分机组 SO$_2$ 排放量之和。核算期电力行业 SO$_2$ 减排量为核算期本辖区电力行业 SO$_2$ 排放量减去上年同期电力行业二氧化硫排放量。

电力行业全口径二氧化硫排放量核算公式为：

$$G_{电力} = \sum_{i=1}^{n} G_{电力i} \qquad (7-8)$$

式中，$G_{电力}$ 为核算期电力行业全口径 SO$_2$ 排放量，t；$G_{电力i}$ 为核算期第 i 台机组 SO$_2$ 排放量，t；n 为核算期燃煤（油）机组总台数。

② 行业宏观核算法。电力行业 SO$_2$ 排放量宏观核算法是指采用宏观方法核算新增排放量，核算期电力行业 SO$_2$ 排放量核算公式为：

$$G_{电力} = G_{电力上年} + M_{电力} - Q_{电力} \qquad (7-9)$$

式中，$G_{电力}$ 为核算期电力行业 SO$_2$ 排放量，t；$G_{电力上年}$ 为上年同期电力行业 SO$_2$ 排放量，t；$M_{电力}$ 为核算期电力行业 SO$_2$ 新增排放量，t；$Q_{电力}$ 为核算期电力行业

SO_2新增削减量，t。

（2）钢铁行业SO_2总量减排核算　钢铁行业二氧化硫总量减排核算分为全口径核算和行业宏观核算两种方法，原则上采用全口径核算方法。暂不具备条件的，或核算期各省（区、市）钢铁行业生铁、粗钢产量比统计部门公布的数据低8%以上的，采用宏观方法进行核算。

① 全口径核算。钢铁行业全口径SO_2排放量是指本辖区各钢铁联合企业及独立球团（烧结）、炼铁、炼钢企业SO_2排放量之和，不含自备电厂。核算期钢铁行业SO_2减排量为核算期本辖区钢铁行业SO_2排放量减去上年同期钢铁行业SO_2排放量。

钢铁行业SO_2排放量核算公式为：

$$G_{钢} = \sum_{i=1}^{n} G_{钢i} \tag{7-10}$$

式中，$G_{钢}$为核算期钢铁行业全口径SO_2排放量，t；$G_{钢i}$为核算期第i个钢铁企业SO_2排放量，t；n为核算期钢铁企业的数量。

② 行业宏观核算。钢铁行业SO_2排放量宏观核算方法是指采用宏观方法核算新增量，核算期钢铁行业SO_2排放量的核算公式为：

$$G_{钢铁} = G_{钢铁上年} + M_{钢铁} - Q_{钢铁} \tag{7-11}$$

式中，$G_{钢铁}$为核算期钢铁行业SO_2排放量，t；$G_{钢铁上年}$为上年同期钢铁行业SO_2排放量，t；$M_{钢铁}$为核算期钢铁行业SO_2新增排放量，t；$Q_{钢铁}$为核算期钢铁行业SO_2新增削减量，t。

（3）其他行业SO_2总量减排核算　其他行业是指除电力、钢铁以外的行业，其他行业SO_2总量减排核算以宏观核算方法核算。SO_2新增排放量，采用分行业核算方法进行校核。鼓励有条件的省份开展有色、石化、煤化工、焦炭等行业二氧化硫全口径核算。

其他行业SO_2总量减排核算公式为：

$$G_{其他} = G_{其他上年} + M_{其他} - Q_{其他} \tag{7-12}$$

式中，$G_{其他}$为核算期其他行业二氧化硫排放量，t；$G_{其他上年}$为上年同期其他行业二氧化硫排放量，t；$M_{其他}$为核算期其他行业新增二氧化硫排放量，t；$Q_{其他}$为核算期其他行业新增二氧化硫削减量，t。

7.5 主要污染物新增削减量核查

7.5.1 减排核查概述

减排核查是指国家对各省、自治区、直辖市减排工作开展情况、年度及安排计划制定、各项减排措施落实及减排目标完成情况所进行的检查核实工作。核查采用资料审核与现场核查相结合的方式，包括日常督查和定期核查。定期核查分为半年核查和年度核查。环境保护各督查中心具体负责对督查范围内各省、自治区、直辖市主要污染物总量减排情况的核查工作。

对于减排核查的工作内容，主要包括三方面：

第一，核查减排工作开展情况，包括成立主要污染物总量减排领导机构、制定减排计划以及污染物减排"三大体系"建设和运行情况等。污染减排"三大体系"包括"科学的污染减排指标体系""准确的减排监测体系""严格的减排考核体系"。"科学的污染减排指标体系"是指为了顺利完成主要污染物减排任务，而建立的一套科学的、系统的和符合国情的主要污染物排放总量统计分析、数据核定、信息传输体系。其显著标志是"方法科学、交叉印证、数据准确、可比性强"，能够做到及时、准确、全面反映主要污染物排放状况和变化趋势。"准确的减排监测体系"是指为了顺利完成主要污染物减排任务，而建立的一套污染源监督性监测和重点污染源自动在线监测相结合的环境监测体系。其显著标志是"装备先进、标准规范、手段多样、运转高效"，能够及时跟踪各地区和重点企业主要污染物排放变化情况。"严格的减排考核体系"是指为了顺利完成主要污染物减排任务，而建立的一套严格的、操作性强和符合实际的污染减排成效考核和责任追究体系。其显著标志是"权责明确、监督有力、程序适当、奖罚分明"，能够做到让那些不重视污染减排工作的责任人付出应有的代价。

第二，核查各项减排措施落实情况，包括城市污水处理厂工程、重点废水污染治理工程等建设和运行情况，淘汰关停落后产能情况，以及加强环境管理措施实施情况等。

第三，核查减排目标完成情况。

7.5.2　COD削减量核查

COD削减量核查是指对核查期内各省、自治区、直辖市新增的COD实际削减量的核查，主要包括城市污水处理厂新增COD削减量，企事业单位工业废水治理工程新增COD削减量，产业结构调整新增COD削减量等。

（1）城市污水处理厂新增COD削减量核查

① 核查范围。城市污水处理厂新增的COD削减量的核查范围涉及：a.当年新建并投入运行的城市污水处理厂COD削减量；b.上年建成投入运行但运行不满全年的城市污水处理厂当年新增COD削减量；c.原有城市污水处理厂通过改建、扩建增加污水处理能力（如新增管网、扩容、污水回用等）和提高治理效果而形成的新增COD削减量。

② 核查内容。城市污水处理厂新增COD削减量的核查范围内容主要是：

a.核查城市污水处理厂的基本情况，包括设计处理能力、处理工艺、建成投运时间等。需要检查的资料包括项目设计文件、环境影响评价报告及批复、工程竣工环保验收报告等。

b.核查城市污水处理厂的实际处理情况，包括实际运行时间、处理水量和处理效果三方面。各级环保部门对污水处理厂的日常监督性监测数据和监察报告，污水处理厂内部日常测定的进出口水量和COD浓度数据，查阅生产用电记录、污泥产生量记录，拍摄主要设施照片等。对原有城市污水处理厂通过改建、扩建等增加污水处理能力和提高治理效果的，必须提供新增管网长度、扩容能力、污水回用量以及回用工程运行记录等相关文件、资料。无上述数据和文件资料或者弄虚作假的，视为该污水处理厂不运行，不计COD削减量。

c.对污水处理厂各处理工序进行现场检查，并制作现场核查笔录。

③ 核算方法。对于城市污水处理厂新增的COD削减量的核算方法，主要针对以下三种情况，分别进行核算，具体为：

情况1：对于当年新建投入运行的城市污水处理厂，通过调试期后并连续稳定运行的，从其通过调试期的第2个月起，按照实际运行时间、处理水量和处理效率计算COD削减量。

情况2：对于上年建成投入运行但运行不满全年的城市污水处理厂，按照上年未运行时间计算当年同期增加的COD削减量。

情况3：对于原有城市污水处理厂，通过改建、扩建增加污水处理能力和提高治理效果的，按照其当年实际新增的COD去除量计算COD削减量。

④ 核查不合格。核查（督查）中发现城市污水处理厂有下列情况之一的，认定为不正常运行：第一，整体不运行或者部分关键设备不运行的；第二，排水污染物浓度或总量超过规定标准30%的；第三，污水处理量达不到设计量50%的。

核查中发现城市污水处理厂不正常运行1次，监察系数取0.8，不正常运行2次，监察系数取0.5，超过2次不正常运行，监察系数取0。情节严重的，当地环保部门应依法予以处罚，并提请当地人民政府责令其整改，追究有关人员的责任。核查中发现国控重点污染源没有建立直报系统的，在线监测设备使用、运行及记录不正常的，参照以上规定确定监察系数。

（2）企事业单位工业废水治理工程新增COD削减量核查

① 核查范围。企事业单位工业废水治理工程新增COD削减量的核查范围涉及：a.企事业单位当年新、改、扩建投入运行的污水治理工程COD削减量；b.企事业单位上年建成投入运行但运行不满全年的污水治理工程新增COD削减量；c.企事业单位原有污水治理设施经过深度处理、改进工艺和再生水利用等新增COD削减量；d.企事业单位通过实施清洁生产审核方案达标排放或完成削减污染物排放量协议，并通过省级环保行政主管部门或清洁生产相关行政主管部门评审、验收而形成的新增COD削减量。

② 核查内容。企事业单位工业废水治理工程新增COD削减量的核查内容主要是：

a.核实企事业单位污染治理工程的基本情况，包括设计能力、处理工艺、建成投运时间等。对于实施工艺改进、清洁生产、再生水利用的，还应当了解具体实施情况。需要检查的资料包括设计文件、环境影响评价报告及批复、工程竣工环保验收报告、清洁生产审核报告及生产调度记录、再生水利用设施运行记录等。

b.核查企事业单位污染治理工程实际处理情况，主要包括实际处理时间、处理水量和处理效果。需要审核的资料包括：污染治理设施自动在线监测的污水流量和COD浓度数据，各级环保部门对污染治理工程的日常监督性监测数据和监察报告，企事业单位内部污染治理工程日常运行记录、监测数据和用电记录、主要设施照片等。对企事业单位实施工艺改进、再生水利用的，必须提供相关资料和监测数据等文件资料。企事业单位实施清洁生产削减COD的，须提供清洁生产审核报告、方案实施情况说明、达标排放前后情况、削减污染物排放量协议及完成情况，省级环保行政主管部门或清洁生产相关行政主管部门的评审、验收报告。无上述数据和文件资料或者弄虚作假的，认定该单位污水治理工程不运行，不计COD削减量。

c.对污水处理厂各处理工序进行现场检查，并制作现场核查笔录。

③ 核算方法。企事业单位工业废水治理工程新增COD削减量的核算方法，主要针对以下五种情形，分别进行核算，具体为：

情形1：对于企事业单位当年新建的污水治理工程，且原有污水处理工程进行深度处理通过调试期后并连续稳定运行的，从其通过调试期的第2个月起，按照实际运行时间、处理水量和处理效率计算COD削减量。

情形2：对于企事业单位上年建成投入运行但运行不满全年的污水治理工程，按照上年未运行的时间计算当年同期增加的COD削减量。

情形3：对于企事业单位通过工艺改进、清洁生产等减少COD排放的，根据相关部门出具的证明资料，经核实后计算其核查期COD削减量。

情形4：对于企事业单位建设再生水利用工程通过调试期后达到城市杂用水、景观环境用水水质要求并连续稳定运行的，从其通过调试期的第2个月起，按照当年实际运行时间、回用水量和处理效率计算其COD削减量。

情形5：企事业单位因执行国家和地方新的COD排放标准后实际减少的排放量计算其COD削减量。

④ 核查不合格。核查中发现企事业单位污水处理工程不正常运行1次，监察系数取0.8，不正常运行2次，监察系数取0.5，超过2次不正常运行，监察系数取0，情节严重的，当地环保部门应依法予以处罚，责令其整改，并提请有关部门追究其责任人员的责任。核查中发现国控重点污染源没有建立直报系统的，在线监测设备使用、运行及记录不正常者参照以上规定确定监察系数。

（3）产业结构调整新增COD削减量核查

① 核查范围。对于产业结构调整新增COD削减量核查，核查范围仅涉及纳入上年环境统计的核查期年度或上年度已经取缔关停的工业企业、设施等。

② 核查内容。产业结构调整新增COD削减量核查内容主要是：

a.核实取缔关停企业、生产线、设施的基本情况，包括厂址，取缔关停生产设施的规模及其主要设备名称和数量，取缔关停时间，营业执照是否吊销等。

b.检查企业被取缔关停的相关资料，主要是当地政府取缔关停的文件，工商部门出具的营业执照吊销证明，供电部门下发的停电通知或出具的断电证明，环保部门现场检查取缔关停的记录、照片等。

c.对取缔关停企业、生产线、设施进行现场核查，检查是否拆除主要生产设备，是否断水断电，是否存有生产原料和产品等。

d.制作现场核查笔录。企业关闭，无法找到相关人员时，可采取行政主管部门或企业上级单位的笔录。

③ 核算方法。对于产业结构调整新增COD削减量核算方法，主要针对以下两种情形，分别进行核算，具体为：

情形1：对于当年根据国家产业政策和有关规定取缔关停的企业、生产线、设施等，按照上年纳入环境统计的排放量减去当年实际排放量计算其COD削减量。

情形2：对于上年取缔关停的企业、生产线、设施等不满1年的，根据上年环境统计排放量、关停月份计算其核查期COD削减量。

7.5.3 SO_2 削减量核查

SO_2 削减量核查（督查）是指对核查期内各省、自治区、直辖市新增 SO_2 削减量的核查。核查期内新增 SO_2 削减量主要包括：燃煤电厂脱硫工程新增 SO_2 削减量；非电工业企业二氧化硫治理工程新增 SO_2 削减量和产业结构调整项目新增 SO_2 削减量等。

（1）燃煤电厂脱硫工程新增 SO_2 削减量核查

① 核查范围。对于燃煤电厂新增的 SO_2 削减量的核查范围主要涉及：a.当年新建投入运行的燃煤电厂脱硫工程 SO_2 削减量；b.上年建成投入运行但运行不满全年的燃煤电厂脱硫工程当年新增 SO_2 削减量；c.当年新建和上年建成燃气机组在核查期内的发电量、燃气量。

② 核查内容。对于燃煤电厂新增的 SO_2 削减量的核查内容主要是：

a.核实燃煤电厂基本情况，包括分机组投产日期，核查期实际发电（供热）

量、耗煤量，脱硫工程168 h的移交记录，煤炭硫分，烟气排放连续监测系统运行记录情况，脱硫电价等。

b.核查燃煤电厂脱硫工程的实际处理情况。对于这方面工作，一是核查期脱硫效率或SO_2去除效率、排放浓度、去除量；二是实际脱硫效率，重点是脱硫设施的投运率和脱硫效果。无上述数据和文件资料或者弄虚作假的，视为该脱硫工程不运行，不计SO_2削减量。

c.对燃煤电厂脱硫工程各处理工序进行现场检查，并制作现场核查笔录。

③ 核算方法。对于燃煤电厂新增SO_2削减量的核算方法，主要针对以下两种情形，分别进行核算，具体为：

情形1：对于当年投入运行的新建燃煤电厂脱硫工程，且经过168 h连续满负荷运行后连续稳定运行的，从其经过168 h的第2个月起，按照当年实际运行时间和处理效率计算SO_2削减量。

情形2：对于上年建成投入运行但运行不满全年的燃煤电厂脱硫工程，按照当年处理效率及上年未运行时间计算当年同期增加的SO_2削减量。

④ 核查中下列情况之一的，认定为不正常运行：一是生产设施运行期间脱硫设施因故未运行，而未经当地环保部门审批同意的；二是没有按照工艺要求使用脱硫剂的；三是使用旁路偷排的。

此外，如检查中发现燃煤电厂脱硫工程不正常运行1次，监察系数取0.8，不正常运行2次，监察系数取0.5，超过2次不正常运行，监察系数取0，情节严重的，当地环保部门应依法予以处罚，责令其整改，并提请有关部门追究相关人员的责任。核查中发现国控重点污染源没有建立直报系统的，在线监测设备使用、运行及记录不正常者参照以上规定确定监察系数。

（2）非电工业企业二氧化硫治理工程新增SO_2削减量核查

① 核查范围。非电工业企业二氧化硫治理工程新增SO_2削减量核查范围主要涉及：

a.非电工业企业当年投入运行的新、改、扩建二氧化硫废气治理工程，包括钢铁企业烧结机脱硫工程、有色金属冶炼二氧化硫治理工程，其他企业工业锅炉脱硫工程，煤改气、煤改电工程等所形成的新增SO_2削减量；

b.上年建成投入运行但运行不满全年的非电工业企业二氧化硫废气治理工程当

年新增SO_2削减量；

 c.非电工业企业实施技术改造、二氧化硫综合利用等形成核查期新增的SO_2削减量；

 d.企事业单位通过实施清洁生产审核方案达标排放或完成削减污染物排放量协议，并通过省级环保行政主管部门或清洁生产相关行政主管部门评审、验收的，形成的核查期新增SO_2削减量。

 ② 核查内容。非电工业企业二氧化硫治理工程新增SO_2削减量核查内容主要是：

 a.核实非电工业企业的基本情况，包括企业名称、设计处理能力、处理工艺、建成投运时间等。需要检查的资料包括脱硫工程试运行批复及环保验收的文件资料、日常的环境监察和监测记录等。

 b.核查非电工业企业二氧化硫废气治理工程的实际处理情况，包括实际SO_2削减量和二氧化硫去除率。需要审核的资料包括二氧化硫废气治理装置出口废气量和SO_2浓度自动在线监控数据，各级环保部门对非电企业脱硫工程的日常监督性监测数据和监察报告，以及脱硫工程生产用电记录、副产品产量记录等。SO_2去除率重点是其除去了设施的投运率和效果。对实际SO_2去除效率和削减量，按照以下顺序采用数据：进出口废气量和SO_2浓度自动在线监测数据；各级环保部门对非电企业脱硫工程的日常监督性监测数据和监察报告；企业内部二氧化硫去除工程日常生产中进出口废气量和SO_2浓度监测的有效记录。还可参考企业清洁生产审核验收报告、技术改造验收报告、脱硫工程验收报告；企业的产品产量、耗煤量、煤的平均含硫量、去除率、脱硫剂（吸收剂）的使用量、二氧化硫副产品利用情况等。

 无上述数据和文件资料或者弄虚作假的，视为该非电企业脱硫工程、二氧化硫废气治理工程不运行，不计SO_2削减量。

 c.对非电工业企业SO_2废气治理工程的各处理环节进行现场检查。

 d.制作现场核查笔录。企业关闭，无法找到相关人员时，可采取行政主管部门或企业上级单位的笔录。

 ③ 核算方法。对于非电工业企业二氧化硫治理工程新增SO_2削减量核算方法，主要针对以下四种情形，分别进行核算，具体为：

 情形1：对于新建投入运行的非电工业企业二氧化硫废气治理工程通过调试期

后并连续稳定运行的从其通过调试期的第2个月起，按照当年实际运行时间和处理效率计算SO_2削减量。

情形2：对于上年建成投入运行但运行不满全年的非电工业企业二氧化硫废气治理工程，按照当年处理效率及上年未运行时间计算当年同期新增的SO_2削减量。

情形3：对于非电工业企业实施工艺改进、清洁生产、二氧化硫综合利用的，根据相关文件资料，经核实后计算其核查期SO_2削减量。

情形4：因执行国家和地方新的SO_2排放标准后实际减少的排放量计算其SO_2削减量。

④ 核查发现非电工业企业二氧化硫废气治理工程有下列情况之一的，认定为不正常运行：一是生产设施运行期间脱硫设施因故未运行，而未经当地环保部门审批同意的；二是没有按照工艺要求使用脱硫剂（吸收剂）的；三是使用旁路偷排的。

此外，对于检查中发现企业SO_2废气治理工程不正常运行1次，监察系数取0.8，不正常运行2次，监察系数取0.5，超过2次不正常运行，监察系数取0，情节严重的，当地环保部门应依法予以处罚，责令其整改，并提请有关部门追究相关人员的责任。核查中发现国控重点污染源没有建立直报系统的，在线监测设备使用、运行及记录不正常者参照以上规定确定监察系数。

（3）产业结构调整项目新增SO_2削减量核查

① 核查范围。产业结构调整项目新增SO_2削减量核查范围主要涉及纳入上年环境统计范围的核查期年度或上年度已经取缔关停的小火电、有烧结机的小钢铁等。

② 核查内容。产业结构调整项目新增SO_2削减量核查内容是：

a.核实取缔关停企业、生产线、设施的基本情况，包括厂址，取缔关停生产设施的规模、主要设备名称和数量，关停时间，营业执照是否吊销等。

b.检查企业被取缔关停的相关资料，主要包括当地政府取缔关停的文件，工商部门出具的营业执照吊销证明，供电部门下发的停电通知或者出具的断电证明，环保部门现场检查取缔关停的记录、照片等。

c.对取缔关停企业、生产线、设施进行现场核查，检查是否拆除主要设备、断水断电，是否存有生产原料和产品等。

d.制作现场核查笔录。企业关闭，无法找到相关人员时，可采取行政主管部门或企业上级单位的笔录。

③ 核算方法。对于产业结构调整项目新增 SO_2 削减量核算方法，主要针对以下两种情形进行核算，具体为：

情形1：对于当年取缔关停的企业、生产线、设施等，按照上年纳入环境统计的排放量减去当年实际排放量计算其 SO_2 削减量；

情形2：对于上年取缔关停的企业、生产线、设施等不满1年的，根据上年环境统计排放量、关停月份计算其核查期 SO_2 削减量。关闭小火电、淘汰小钢铁中有烧结机的一律按照上年环境统计排放量单独计算其二氧化硫减排量。

参考文献

［1］ 苏启祯 . 关于环境保护与加强环境保护的措施 [J]. 大科技，2020（16）：243-244.

［2］ 莫神星 . 节能减排机制法律政策研究 [M]. 北京：中国时代经济出版社，2008.

［3］ 中国电子信息产业发展研究院 . 中国工业节能减排发展蓝皮书 2012[M]. 北京：中央文献出版社，2013.

［4］ 曹洪军，莎娜，孔鹏志，等 . 中国环境经济学的现代理论与政策研究 [M]. 北京：经济科学出版社，2018.

［5］ 许鹏辉 . 基于持续和谐发展的环境生态学研究 [M]. 北京：中国商务出版社，2019.

［6］ 廖传华，李聃，程文洁 . 污水处理技术及资源化利用 [M]. 北京：化学工业出版社，2022.

［7］ 林海，董颖博，李天昕，等 . 市政污水处理技术的理论与实践 [M]. 北京：中国环境出版社，2017.

［8］ 孙启宏，刘孝富，王莹作，等 . 固定源大气污染物排放执法监管体系研究 [M]. 北京：中国环境出版集团有限公司，2020.

［9］ 张震 . 工业点源水污染物排放标准管理制度研究 [M]. 北京：中国环境出版社，2018.

［10］ 范秀英 . 环保产业与高新技术 [M]. 北京：中国科学技术出版社，2001.

［11］ 王世汶，常杪，杨亮 . 环保产业发展理论与实践 [M]. 北京：中国社会科学出版社，2020.

［12］ 孙红梅 . 我国节能环保产业竞争力情况报告 [M]. 上海：上海财经大学出版社，2018.

［13］ 张其仔，张拴虎，于远光 . 环保产业现状与发展前景 [M]. 广州：广东经济出版社，2015.

第4篇
低碳经济与"双碳"理论

第8章　低碳经济基本理论

随着全球人口数量的不断增加和经济规模的不断扩大，气候和环境问题已经成为制约人类生存和发展的重要问题之一，引起世界各国的高度重视。从1992年的《联合国气候变化框架公约》和1997年的《京都议定书》，到2007年的"巴厘岛路线图"，再到2009年的"哥本哈根会议"，世界各国都在为解决碳排放问题而努力。

低碳经济作为一种新的经济发展模式在这一背景下应运而生，并在国际社会中越来越受到重视。低碳经济是一种以低能耗、低污染、低排放为特点的发展模式，发展低碳经济意味着能源结构、产业结构和技术结构的战略调整，对一个国家的发展战略具有重大而深远的影响。低碳经济是人类社会继农业文明、工业文明之后的又一次重大进步。狭义地说，低碳经济是在生产过程和消费过程中以降低二氧化碳排放为特征的经济运行模式。所谓低碳主要包括两方面含义：一是节能，即在生产过程和消费过程中，节约使用能源，特别是碳基能源。节能自然涉及提高能效，但仅仅靠提高能效是不够的，还必须减少总的能源需求。二是要改善能源结构，降低能源的碳密度，即单位能源中碳的含量。

8.1　低碳经济产生的背景

低碳经济的提出背景，大致可以分为以下三个方面。

背景1：应对气候变暖是发展低碳经济的根本原因。

低碳经济提出的根本原因在于全球气候变暖对人类生存和发展的严峻挑战。随着全球人口和经济规模的不断增长，能源使用带来的环境问题及其诱因不断地为人们所认识，不只是烟雾、光化学烟雾和酸雨等的危害，大气中二氧化碳浓度升高带来的全球气候变化也已被确认为不争的事实。近年来，气候变化和温室气体减排问题已成为全球关注的热点，以欧盟国家为代表的西方发达国家日益将全球变暖问题变成政治、经济问题，并强调以制度创新和技术创新调整本国的能源、经济战略，这种模式可能影响世界经济发展秩序和能源发展趋势。

联合国政府间气候变化专门委员会（IPCC）是世界气象组织（WMO）及联合

国环境规划署（UNEP）于1988年联合建立的政府间机构，主要任务是对气候变化科学知识的现状，气候变化对社会、经济的潜在影响，以及如何适应和减缓气候变化的可能对策进行评估。2023年3月20日，联合国政府间气候变化专门委员会（IPCC）在瑞士因特拉肯发布第六次评估报告——《综合报告》。《综合报告》表明，有多种可行且有效的方案来减少温室气体排放和适应人类活动引起的气候变化，而且目前这些方案都具有实用性。根据该报告，一个多世纪以来，化石燃料燃烧以及不平等、不可持续的能源和土地使用方式导致全球温升比工业化前水平高出1.1℃。这不仅造成了更频繁和更强烈的极端天气事件，也给世界每个地区的自然和人类带来了越来越危险的影响。该报告提及的气候变暖具体包括以下几方面：

① 全球气候变暖及原因。报告进一步明确了人类活动产生的温室气体排放是导致全球变暖的原因。与1850—1900年相比，2011—2020年全球地表平均气温上升1.1℃。随着全球温室气体排放持续增加，不可持续的能源消费、土地利用和土地利用变化、生活方式、消费模式与生产方式等因素在区域间、国家间和国家内部以及个人之间造成历史和未来贡献的不平等。

② 全球气候变化和影响。人类活动影响使大气、海洋、冰冻圈和生物圈发生了广泛而迅速的变化。人为活动导致的全球气候变化已经影响到各地诸多极端天气和气候事件。这导致了对自然和人类广泛而不利的影响，同时造成相关损失和损害。历史上对当前气候变化贡献最小的脆弱社区正受到不成比例的影响。

③ 减缓方面的进展、差距与挑战。自第五次评估报告（AR5）以来，减缓相关的政策和法律不断增多。按照2021年公布的国家自主贡献（NDC）数据推算，预计2030年全球温室气体排放量可能会导致21世纪全球温升超过1.5℃，且很难将温升控制在2℃以内。已执行政策的预计排放量与NDC预计的排放量之间存在差距，资金流也达不到在所有行业和地区实现气候目标所需的水平。

④ 未来气候变化。持续增加的温室气体排放将导致全球变暖加剧，在纳入考虑的情景和模拟路径中，全球气候变暖的最佳估计值在近期（2021—2040年）将达到1.5℃。全球变暖的每一个增量都会导致危害多发并发。大幅、快速、持续地减少温室气体排放可促使全球变暖在近期（2021—2040年）内明显减缓，并在几年内导致大气成分出现明显变化。

⑤ 碳预算和净零排放。控制人为活动导致的全球变暖需要实现二氧化碳净零

排放。实现二氧化碳净零排放前的累计碳排放和温室气体减排水平在很大程度上决定了是否可以将全球变暖限制在1.5℃或2℃以内。如果没有额外减排措施，现有化石燃料基础设施所导致的二氧化碳排放将超过1.5℃温升目标（50%）下的剩余碳排放预算。

⑥ 减缓路径。在所有的全球模拟路径中，将全球变暖限制在1.5℃或2℃以内均需要所有行业大幅、快速地实现温室气体减排。不同模拟路径的结果显示，分别到2050年和2070年可实现全球二氧化碳净零排放。

《综合报告》明确指出，增加对气候的投资对于实现全球气候目标非常重要，政府通过公共资金和向投资者发出明确信号是减少这些障碍的关键。投资者、中央银行和金融监管机构也可以发挥自己的作用。政治承诺、政策协调、国际合作、生态系统管理和包容性治理对于有效和公平的气候行动都发挥重要作用。

背景2：能源问题是发展低碳经济的内在动力。

从世界能源储量来看，化石能源的储存量非常有限。在现有经济技术水平和开采强度下，煤炭只能用200多年，石油只能用40多年。但化石能源的形成极其漫长，是以亿年来计算的，其不可再生性不言而喻。但目前化石能源的消耗量持续增加，开采难度不断加大，在过去的30年间，世界能源消耗以每年3%的速度增长，能源枯竭问题越来越突出，严重制约着人类经济社会的可持续发展，对发展中国家而言，能源短缺问题更加突出。因此，解决能源枯竭，寻找新能源成为各国急需解决的重要问题之一。对于发达国家，应把能源枯竭问题的重点放在节能、开发利用可再生能源、风能和核能等领域的技术研发上。在这一背景下，碳足迹、低碳经济、低碳技术、低碳发展、低碳生活方式、低碳社会、低碳城市、低碳世界等低碳经济的相关概念应运而生。能源和经济，乃至未来人类发展观念的变革，可能为人类迈向生态文明探索出一条新路。近年来，尤其是全球金融危机以来，美国和欧盟国家大多将新能源和可再生能源作为扶持重点，相应的低碳产业迅速发展，成为未来产业的主流。

背景3：低碳经济成为发达国家加快经济复苏的新引擎。

从工业进程来看，英国、美国等发达国家在20世纪完成了工业化和城市化的历史任务，或者说走过了大量消耗煤炭、石油等化石能源的发展阶段。这些发达国家在后工业化阶段，生产的目的主要是满足人们的生活需求，其中除汽车需要消耗油料外，衣食住行等可以不依赖高碳能源的生产和消费。总的来说，发达国家工业化时的经济是以高能耗、高碳排放为主要特征的高碳经济。

需要特别指出的是，2009 年国际金融危机爆发以来，美国、英国等发达国家受冲击较大，经济衰退程度较深。随着多国联合应对金融危机初步取得成效，世界经济形势趋向缓和，但美国、英国等发达国家长期以来靠虚拟经济拉动增长的模式正在发生变化，其经济复苏需要新的动力。为此，美国、日本、英国等国提出了所谓的绿色新政——低碳经济，希望通过这一行动来重振实体经济，同时加紧占领未来全球低碳技术和产品市场，增强国际竞争力和影响力。

8.2　低碳经济基本概念

低碳经济是目前国际社会应对人类大量消耗化石能源和大量排放二氧化碳引起全球气候灾害变化提出的一个新概念。目前国内外研究者对此进行了广泛研究，如美国著名学者莱斯特·R·布朗提出的能源经济革命论是低碳经济思想的早期探索，在 1999 年，他认为面对全球温室效应的威胁，人类应尽快从以化石燃料为核心的经济发展模式，转变为以清洁能源（如太阳能、风能和氢能等）为核心的经济发展模式。在 2002 年，莱斯特·R·布朗还认为以化石燃料为基础的经济发展模式，向高效的清洁能源的经济转变十分必要和紧迫，要建构零污染排放、无碳能源经济体系。2003 年的英国能源白皮书《我们能源的未来：创建低碳经济》指出，"低碳经济"是通过更少的自然资源消耗和更少的环境污染，获得更多的经济产出，"低碳经济"是创造更高的生活标准和更好的生活质量的途径和机会，也为发展、应用和输出先进技术创造了机会，同时也能创造新的商机和更多的就业机会。

近年来，我国学者对低碳经济的含义也进行了许多积极深入的研究。如牛文元、贺庆棠等认为，低碳经济是绿色生态经济，是低碳产业、低碳技术、低碳生活和低碳发展等经济形态的总称。方时姣指出，低碳经济是经济发展的碳排放量、生态环境代价及社会经济成本最低的经济，是一种能够改善地球生态系统自我调节能力的可持续性很强的经济。庄贵阳、何建坤等认为，低碳经济应在不影响经济和社会发展的前提下，通过技术创新和制度创新，尽可能最大限度地减少温室气体排放，从而减缓全球气候变化，实现经济和社会可持续发展。

尽管众多研究者尚未得出统一的定义，但综合上述研究成果，我们可以这样定义低碳经济。所谓低碳经济，是指在可持续发展理念的指导下，通过技术创新、制度创新、产业转型、新能源开发等多种手段，尽可能地减少煤炭、石油等高碳能源消耗，减少温室气体的排放，达到经济社会发展与生态环境保护双赢的一种经济发展形态。低碳经济是一种以低能耗、低污染、低排放为基础的经济发展模式，是以应对气候变化、保障能源安全、促进经济社会可持续发展有机结合为目的的规制世界发展格局的新规则，是人类社会继农业文明、工业文明之后的又一次重大进步。低碳经济的实质是能源高效利用、清洁能源开发、追求绿色GDP，其核心是节能技术和减排技术创新、产业结构和制度创新以及人类生存发展观念的根本性转变。实现低碳经济的关键是技术创新和制度创新。

发展低碳经济，一方面是积极承担环境保护责任，完成国家节能降耗指标的要求，另一方面是调整经济结构，提高能源利用效益，发展新兴工业，建设生态文明。低碳经济是摒弃以往先污染后治理、先低端后高端、先粗放后集约的发展模式的现实途径，是实现经济发展与资源环境保护双赢的必然选择。低碳经济作为一种特殊的经济形态，具有经济性、技术性和目标性三个基本特征。

① 经济性。低碳经济的经济性包含两层含义，一是低碳经济应按照市场经济原则和机制进行发展，二是低碳经济的发展不应导致人们的生活条件和福利水平下降。也就是说，既反对奢侈或能源浪费型的消费，又必须使人民生活水平不断提高。

② 技术性。低碳经济的技术性是通过技术进步，在提高能源效率的同时，减少二氧化碳等温室气体的排放。也就是说，在消耗相同能源的条件下，人们享受到的能源服务不能够降低，同时在排放同等温室气体情况下，人们的生活条件和福利水平不降低，这需要通过能效技术和温室气体减排技术的研发和产业化来实现。

③ 目标性。发展低碳经济的目标是将大气中温室气体的浓度保持在一个相对稳定的水平，不至于带来全球气温上升，进而影响人类的生存和发展，从而实现人与自然的和谐可持续发展。

8.3 低碳经济发展历程

8.3.1 世界低碳经济的发展历程

20世纪70年代以来，世界工业大国过度的污染给社会和民众造成巨大损害，环境保护开始引起关注。1972年6月16日，在瑞典斯德哥尔摩召开了联合国人类环境会议，会议通过了联合国人类环境会议宣言，又称斯德哥尔摩人类环境会议宣言，简称人类环境宣言，标志着人类对环境问题发起了正式挑战。

1992年5月22日，联合国政府间谈判委员会就气候变化问题达成了《联合国气候变化框架公约》（简称《框架公约》，UNFCCC），于1992年6月4日在巴西里约热内卢举行的联合国环境与发展大会上通过。《联合国气候变化框架公约》是世界上第一个为全面控制二氧化碳等温室气体排放，以应对全球气候变暖给人类经济和社会带来不利影响的国际公约，也是国际社会在应对全球气候变化问题上进行国际合作的一个基本框架。《联合国气候变化框架公约》的目标是减少温室气体排放，减少人为活动对气候系统的危害，减缓气候变化，增强生态系统对气候变化的适应性，确保粮食生产和经济可持续发展。为实现上述目标，公约确立了五个基本原则：一是共同而区别的原则，要求发达国家应率先采取措施，应对气候变化；二是要考虑发展中国家的具体需要和国情；三是各缔约方应当采取必要措施，预测、防止和减少引起气候变化的因素；四是尊重各缔约方的可持续发展权；五是加强国际合作，应对气候变化的措施不能成为国际贸易的壁垒。

1997年12月，在日本京都由联合国气候变化框架公约参加国三次会议制定了《京都议定书》，又称为《京都协议书》和《京都条约》，其全称为《联合国气候变化框架公约的京都议定书》。《京都议定书》是《联合国气候变化框架公约》的补充条款，其目标是将大气中的温室气体含量稳定在一个适当的水平，进而防止剧烈的气候改变对人类造成伤害。《京都议定书》于1998年3月16日至1999年3月15日间开放签字，共有84国签署，条约于2005年2月16日开始强制生效，到2009年2月，一共有183个国家通过了该条约。

《京都议定书》的签署是为了人类免受气候变暖的威胁。发达国家从2005年开始承担减少碳排放量的义务，而发展中国家则从2012年开始承担减排义务。《京都议定书》需要在占全球温室气体排放量55%以上的至少55个国家批准，才能成为具有法律约束力的国际公约。中国于1998年5月签署并于2002年8月核准了该议定书。欧盟及其成员国于2002年5月31日正式批准了《京都议定书》。2004年11月5日，俄罗斯总统普京在《京都议定书》上签字，使其正式成为俄罗斯的法律文本。

《京都议定书》是人类历史上首次以法规的形式限制温室气体排放。为了促进各国完成温室气体减排目标，议定书允许采取以下四种减排方式：①两个发达国家之间可以进行排放额度买卖的"排放权交易"，即难以完成削减任务的国家，可以花钱从超额完成任务的国家买进超出的额度。②以"净排放量"计算温室气体排放量，即从本国实际排放量中扣除森林所吸收的二氧化碳的数量。③可以采用绿色开发机制，促使发达国家和发展中国家共同减排温室气体。④可以采用"集团方式"，即欧盟内部的许多国家可视为一个整体，采取有的国家削减、有的国家增加的方法，在总体上完成减排任务。

2002年10月，联合国气候变化框架公约第8次缔约方大会在印度新德里举行。会议通过的《新德里宣言》强调抑制气候变化必须在可持续发展的框架内进行，这表明减少温室气体的排放与可持续发展仍然是各缔约国今后履约的重要任务。宣言重申了《京都议定书》的要求，敦促工业化国家在2012年年底以前把温室气体的排放量在1990年的基础上再减少5.2%。

2003年，英国发布了能源白皮书《我们能源的未来：创建低碳经济》。英国作为第一次工业革命的先驱和资源并不丰富的国家，充分意识到了能源安全和气候变化的威胁，正从自给自足的能源供应走向主要依靠进口的时代，按目前的消费模式，2020年英国80%的能源都必须进口，而气候变化的影响已经迫在眉睫。

2006年，世界银行首席经济学家尼古拉斯·斯特恩牵头做出的《斯特恩报告》指出，全球以每年GDP 1%的投入，可以避免将来每年GDP 5%～20%的损失，呼吁全球向低碳经济转型。

2007年7月，美国参议院提出了《低碳经济法案》，表明低碳经济的发展道路有望成为美国未来的重要战略选择。

2007年12月3日，联合国气候变化大会在巴厘岛举行，15日正式通过一项决议，决定在2009年前就应对气候变化问题举行谈判，制定了世人关注的应对气候变化的"巴厘岛路线图"。"巴厘岛路线图"为2009年前应对气候变化谈判的关键议题确立了明确议程，要求发达国家在2020年前将温室气体减排25%~40%。"巴厘岛路线图"为全球进一步迈向低碳经济起到了积极的作用，具有里程碑的意义。

2008年7月，在日本北海道八国集团（包括美国、英国、法国、德国、意大利、加拿大、日本和俄罗斯）首脑会议上，八国表示将寻求与《联合国气候变化框架公约》的其他签约方一道共同达成到2050年把全球温室气体排放减少50%的长期目标。

2009年12月，哥本哈根世界气候大会（COP15）。哥本哈根世界气候大会被寄予厚望，旨在为全球气候协议提供法律框架，以应对气候变化和温室气体排放。大会通过了《哥本哈根协议》尽管协议没有法律约束力，但它设定了将全球温升限制在2℃以内的目标，并要求发达国家为发展中国家提供资金支持气候适应和减排。此协议虽然缺乏强制性，但具有重要的政治影响。

2010年11月，坎昆气候变化大会（COP16）。在哥本哈根协议未能达成具有法律约束力的全球协议后，坎昆会议旨在落实哥本哈根协议并推动气候融资。确认了《哥本哈根协议》内容，特别是资金、技术转移和温室气体减排机制。会议推动了包括发展中国家的减排承诺和国际气候变化资金的落实。

2011年11月，德班气候变化大会（COP17）在《京都议定书》第二承诺期即将到期的背景下，德班会议为未来气候协议的框架铺平道路。启动了"德班平台"，为全球气候协议的谈判奠定了基础，特别是为《巴黎协定》的制定提供了方向。确认了《京都议定书》第二承诺期的开始，并提出将发展中国家纳入全球气候减排框架。

2012年11月，多哈气候变化大会（COP18）继续落实《京都议定书》的第二承诺期，并推进《巴黎协定》谈判。《多哈气候变化大会决定》确认了《京都议定书》第二承诺期的启动，并提出了全球气候变化的长期谈判框架，推动了发展中国家的气候适应资金和技术转移问题。

2015年11月，巴黎气候变化大会（COP21）。巴黎气候大会被视为全球气候变化应对的关键时刻，目标是达成一个普遍适用且具有法律约束力的气候协议。《巴黎协定》通过，全球首次达成具有普适性的气候协议。协议的核心目标是将全球温升控制在比工业化前水平高2℃以内，并努力限制在1.5℃以内。各国提交了自主减排承诺（NDCs），并承诺每五年更新目标。巴黎协定强调低碳经济的全球合作，并为气候融资提供了明确的路径，推动全球低碳转型。

2018年《IPCC 1.5°C报告》发布。国际气候变化专门委员会（IPCC）发布的报告显示，要避免气候变化的灾难性影响，全球气温升幅必须控制在1.5℃以内。报告呼吁全球加速减排，特别是在能源、交通和工业等高排放领域，推动深度低碳转型，并强调了采取快速和系统性减排措施的重要性。

2020年11月4日《巴黎协定》正式生效。《巴黎协定》自2015年签署后，各国开始正式履行其减排承诺。《巴黎协定》正式生效，全球开始按照各国的自主贡献（NDCs）进行减排，推动全球绿色能源转型、低碳技术创新和碳市场建设，为实现全球碳中和目标奠定基础。

2021年10月，格拉斯哥气候变化大会（COP26）。格拉斯哥会议是《巴黎协定》生效后的首次重要会议，目标是提升全球减排目标并落实气候融资。大会明确了全球温室气体减排的新承诺，要求发达国家在2030年之前提高减排目标。还特别强调了气候资金和绿色技术的投资，提出加强碳市场机制，并推动全球绿色金融和碳定价。

2020年9月22日，中国发布"双碳"目标。中国宣布力争在2030年前达到碳排放峰值，并力争在2060年实现碳中和。中国的"双碳"目标为全球气候行动和低碳经济转型提供了重要支撑。中国加速绿色技术研发和清洁能源发展，推动能源结构转型，并建立全国碳市场，为实现全球减排目标做出重要贡献。

2022年《欧盟绿色协议》发布。欧盟提出的《绿色协议》计划到2050年实现碳中和，并通过政策、投资和技术创新推动低碳经济转型。该协议设定了详细的低碳转型路径，涵盖能源、建筑、交通等多个领域，并推动清洁能源发展、碳排放减少和绿色技术创新。欧盟为全球低碳经济提供了积极示范，推动了国际气候合作。

8.3.2 我国低碳经济的发展历程

2006年，中国科技部、中国气象局、国家发展改革委、国家环保总局等六部委联合发布了我国第一部《气候变化国家评估报告》。该报告对气候变化对中国经济、社会和生态环境的影响进行了全面评估，为中国应对气候变化提供了科学依据和政策支持。

2007年6月，中国正式发布了《应对气候变化国家方案》，这是我国应对气候变化的战略性文件。方案明确了应对气候变化的总体目标、政策方向和具体行动措施，标志着中国在气候变化问题上的政策体系初步建立。

2007年12月，发布了《中国的能源状况与政策》白皮书，白皮书强调要推动能源多元化发展，明确将可再生能源作为国家能源战略的重要组成部分，并逐步减少对煤炭的依赖，推动能源结构向清洁、低碳方向转型。

2008年6月，清华大学在国内率先成立了低碳经济研究院，旨在围绕低碳经济的政策、战略以及实施路径开展深入研究。研究院的成立为中国以及全球的低碳发展提供了理论支持和政策建议。

2009年3月，中科院发布了《2009中国可持续发展战略报告》，报告中明确提出中国低碳经济发展的战略目标，并设定到2020年单位GDP二氧化碳排放降低50%左右的具体减排目标，为中国低碳经济的发展提供了明确的方向和行动目标。

2011年3月，《"十二五"规划纲要》提出绿色低碳发展。在《"十二五"规划纲要》中，中国提出"绿色低碳发展"作为未来经济发展的重要方向。明确提出到2015年单位GDP二氧化碳排放比2010年减少17%，大力发展低碳经济，推动清洁能源和节能技术应用。这一规划为中国低碳经济提供了政策支持，并推动了绿色技术的普及。

2012年11月，发布《中国应对气候变化的政策与行动》白皮书。中国政府发布《中国应对气候变化的政策与行动》白皮书，详细介绍了中国在低碳经济方面的政策和行动。白皮书明确了中国在节能减排、绿色低碳技术推广、碳市场建设等方面的具体措施，并强调了国际合作的重要性，展示了中国应对气候变化的决心和措施。

2013年，国务院发布《节能减排"十二五"规划》。《节能减排"十二五"规划》是中国为实现节能减排目标而制定的战略计划。该规划提出到2015年，单位GDP二氧化碳排放量比2010年减少17%。同时，规划加强了可再生能源和清洁能源的发展，推动了绿色建筑和低碳产业的快速发展。

2014年11月，中国发布《能源发展战略行动计划（2014—2020年）》。中国发布了《能源发展战略行动计划（2014—2020年）》，为未来能源发展明确方向，提出到2020年可再生能源占一次能源消费比重达到15%。该行动计划加速了低碳能源的使用，明确推动清洁能源技术的研发和应用，逐步替代传统化石能源，提升能源结构的绿色化程度。

2015年，中国政府在巴黎气候变化大会上提交了国家自主贡献（NDC），承诺到2030年碳排放达峰，并进一步减少单位GDP的碳排放。这一承诺为全球气候变化应对行动提供了中国的积极参与，并为中国制定低碳经济政策和行动计划提供了明确的方向。中国承诺将大力发展可再生能源，推进绿色技术，并加强碳市场建设。

2016年，发布《"十三五"节能减排综合工作方案》。《"十三五"节能减排综合工作方案》是中国在"十三五"规划期内实现节能减排目标的行动计划。方案提出，到2020年，中国单位GDP二氧化碳排放比2015年降低18%，非化石能源占一次能源消费比重达到15%。还强调了加强污染控制和低碳技术研发，以加快绿色低碳经济转型。

2017年，中国提出碳排放交易市场建设。中国启动全国碳排放交易市场，旨在通过市场化手段推动低碳经济发展。碳排放交易市场的建立为中国提供了碳定价机制，帮助企业降低排放，并推动了低碳技术的投资。此举为中国向绿色低碳经济转型奠定了市场机制基础。

2019年，发布《能源生产和消费革命战略（2016—2030年）》。该战略提出中国将实现能源结构的绿色低碳转型，推动能的低碳化、清洁化、智能化。战略提出要加大低碳技术的研发，提升可再生能源的比重，并提出到2030年非化石能源占一次能源消费比重达到25%的目标。

2021年，中国碳达峰、碳中和实施方案发布。中国发布了碳达峰、碳中和实施方案，制定了具体的行动步骤和政策措施，推动低碳技术和绿色产业的发展。方案强调大力发展绿色金融，提升绿色技术创新能力，推动清洁能源产业发展，并提出具体的减排时间表和路线图。

2022年，《中国低碳发展政策与行动》白皮书发布。中国发布了《低碳发展政策与行动》白皮书，进一步明确了国家在实现碳达峰和碳中和目标中的战略路径。白皮书明确了清洁能源转型、绿色经济发展、碳市场建设、低碳技术研发等重点任务，为低碳经济的未来发展提供了战略指导。

8.4　低碳经济的实现途径

在实现低碳经济问题上，人们应充分认识到低碳不等于贫困，贫困不是低碳经济，低碳经济的目标是低碳高增长。发展低碳经济不会限制高能耗产业的引进和发展，只要这些产业的技术水平领先，就符合低碳经济发展需求。低碳经济不一定成本很高，温室气体减排甚至会节省成本，并且不需要很高的技术，但需要克服一些政策上的障碍。低碳经济并不是未来需要做的事情，而是应从现在做起。发展低碳经济是关乎每个人的事情，应对全球变暖，关乎地球上每个国家和地区，关乎每一个人。

低碳经济的理想形态是充分发展阳光经济、风能经济、氢能经济、生态经济和生物质能经济。但现阶段太阳能发电的成本是煤电水电的 5～10 倍，一些地区风能发电价格高于煤电水电。作为二次能源的氢能，目前离利用风能、太阳能等清洁能源提取的商业化目标还很远。以大量消耗粮食和油料作物为代价的生物燃料开发，一定程度上引发了粮食、肉类、食用油价格的上涨。从世界范围看，预计到 2030 年太阳能发电也只达到世界电力供应的 10%，而全球已探明的石油、天然气和煤炭储量将分别在未来 40 年、60 年和 100 年左右耗尽。因此，在碳素燃料文明时代向太阳能文明时代过渡的未来几十年里，低碳经济的重要含义之一是节约化石能源的消耗，为新能源的普及利用提供时间保障。因此，低碳意味着节能，低碳经济就是以低能耗低污染为基础的经济形态，其实现途径主要包括开发可替代新能源、再生资源回收与利用及固碳交易三种。

途径 1：开发新能源和可再生能源。

化石燃料的大量使用使能源的利用不可持续，因此，要实现低碳经济就必须大力开发和利用低污染的新能源和可再生能源，使新能源和可再生能源能够更广泛地应用于国民经济各个领域和居民日常生活，逐步减少对化石能源的依赖，从而替代高污染化的化石能源，主要方法包括：

（1）加强新能源和可再生能源利用技术的开发，大力发展清洁能源　大气污染与人类对能源的利用密切相关，能源本身的种类对于减少温室气体的排放将具有决定性的作用。如果能完全以可再生能源替代化石能源，二氧化碳排放将会大量减少，甚至零排放。但在现有资源和技术条件下，完全以可再生能源来替代常规化石能源的难度较大，只能通过以相对低碳的能源如核能、天然气等代替高碳的煤炭、石油等，以实现能源结构多元化。此外，在化石能源开发利用的各个环节采取措施，利用相关技术，以降低化石能源的碳含量从而减少在开发和使用过程中的碳排放。因此，应改变单方面依赖煤炭、石油等化石能源的状况，加强新能源和可再生能源利用技术的开发，大力发展清洁能源，努力使能源结构多元化，从而实现碳减排。

（2）积极开展清洁生产技术，达到节能减排效果　在工业、建筑、交通等各领域大力开展清洁生产技术，以加强能源和资源的节约，减少温室气体排放，达到节能减排的效果。也就是说，开展清洁生产，实现清洁的生产和清洁的产品双重目标，不仅生产过程中实现低碳排放，产品在使用和报废处理过程中也能达到低碳排放的效果。在工业生产过程中，采用较少物质和能源消耗的生产工艺完成生产，以降低物质能量消耗，并减少废物产生。此外，在生产工艺末端应通过净化废弃物、废弃物回收利用等方法实现节约能源消耗和降低污染物排放的目的。

途径2：加强再生资源的回收与利用。

再生资源回收与利用被称作废弃物的资源化，是把生产或消费过程中的废弃物再次变成有用的资源或产品。因此，再生资源的回收与利用，能够使资源得到充分利用、减少温室气体排放，是实现低碳经济必不可少的一个重要环节。加强再生资源的回收利用，无论是水资源、余热资源、废旧塑料纸张资源，还是将没有回收利用价值的废弃物焚烧发电等，均可以缓解当前资源紧缺的困境，达到节能减排的低碳效果。

废弃物是获得再生资源的主要来源，对废弃物进行回收，不仅可以获得更多资源，还能够减少处理废弃物而产生的过多温室气体和有害人类健康的气体与悬浮物排放，缓解垃圾处理负荷过重的困境。进行焚烧或填埋处理的应当是经过充分回收利用之后的最终的且少量的废弃物。分类回收是采用不同类别的废弃物在指定时间和地点分类放置的方式进行回收。在扔废弃物时，首先应当遵循能回收利用的原则，要回收利用，就必须对废弃物进行分类，分类之后集中进行加工处理。

资源化利用技术主要针对不同种类废弃物进行研发，主要涉及以下三种：

① 金属质固体废弃物的资源化。在对金属质废弃物回收后，根据废料形状、尺寸的不同进行剪切、压块、破碎，并利用金属的密度、光性、磁性、电性等之间

的差异，进行重力分选、浮选、磁液体分选、电场分选等，分选过后的金属在清除表面杂质后熔炼获得再生金属。由于金属质固体废弃物的杂质含量较多，要回收加工出高质量的金属产品就要求运用较高的科学技术，采用严格的生产工艺。

② 无机非金属固体废弃物的资源化。无机非金属固体废弃物主要包括冶金及电力工业废渣、化学工业废渣、矿业废渣、建筑垃圾、污水处理厂产生的污泥和垃圾焚烧产生的灰渣等。如果这些废弃物得到适当的加工处理，就可以再利用于建材，成为有用的资源。

③ 有机固体废弃物的资源化。常见的有机固体废弃物（如废旧塑料、废旧橡胶、废纸、废纤维织物、废旧皮革等）含有大量难降解物质，如直接丢弃就会造成长期的环境污染。如果能进行资源化利用，再生成为新的原材料投入生产，就能够减少相关工业原料消耗，有助于减少温室气体的排放。废旧塑料可用于直接燃烧以回收能量，或进行燃料化后用于锅炉发电，还可将之油化，得到价值较高的液体燃料或化工原料。

途径 3：固碳、碳汇和碳减排交易。

（1）固碳 所谓固碳也叫碳封存，是指为减少大气中二氧化碳含量而采取二氧化碳收集和固定的措施，包括物理固碳和生物固碳两种固碳技术。物理固碳是将二氧化碳长期储存在开采过的油气井、煤层和深海里。物理固碳技术，是将二氧化碳捕获和封存的技术，可以稳定大气中温室气体二氧化碳的浓度，使其增速减缓，增加实现温室气体减排的灵活性，并减少整体成本。该技术由碳捕集和碳封存两个部分组成。先通过碳捕集技术，将工业和有关能源产业所生产的二氧化碳分离出来，再通过碳储存手段，将其输送并封存到海底或地下等与大气隔绝的地方。若把物理固碳技术作为一个系统，在其成本构成中，碳捕集的成本要占到 2/3，碳封存的成本占 1/3。

生物固碳是通过植物的光合作用，将大气中的二氧化碳转化为碳水化合物，并以有机碳的形式被固定在植物体内或土壤中，从而提高生态系统的吸碳和储碳能力，降低大气中二氧化碳的浓度，进而减缓全球气候变暖的趋势。生物固碳包括通过土地利用变化、造林、再造林以及加强农业土壤吸收等措施，增加植物和土壤的固碳能力。生物固碳是固定大气中二氧化碳成本最低且副作用最少的方法，生物固碳在减缓气候变化、实现人类可持续发展方面具有重要的意义。

近年来国际上已经开展了广泛的生物固碳技术开发与应用，主要包括以下三个方面：一是保护现有碳库，即通过生态系统管理技术，加强农业和林业的管理，从而保持生态系统的长期固碳能力；二是扩大碳库来增加固碳，主要是改变土地利用方式，并通过选种、育种和种植技术，增加植物的生产力，提高固碳能力；三是可持续地生产生物产品，如用生物质能替代化石能源等。

（2）碳汇交易　碳汇一词来源于《京都议定书》，一般是指从空气中清除二氧化碳的过程、活动、机制，主要是指森林吸收并储存二氧化碳的多少，或者说是森林吸收并储存二氧化碳的能力。具体来说，森林碳汇是森林通过光合作用，将大气中的二氧化碳吸收并固定在植被与土壤当中，从而降低大气中二氧化碳浓度的过程。碳源是指产生二氧化碳之源，它既来自自然界，也来自人类生产和生活过程。碳源与碳汇是两个相对的概念，即碳源是指自然界中向大气释放碳的母体，碳汇是指自然界中碳的寄存体。减少碳源一般通过二氧化碳减排来实现，增加碳汇则主要采用固碳技术。

1997年通过的《京都议定书》承认森林碳汇对减缓气候变暖的贡献，并要求加强森林植被的恢复及保护，允许发达国家通过向发展中国家提供资金和技术，开展造林、再造林碳汇项目，将项目产生的碳汇额度用以抵消其国内的减排指标。有关资料表明，森林面积虽然只占陆地总面积的1/3，但森林植被区的碳储量几乎占到了陆地碳库总量的一半。树木通过光合作用吸收了大气中大量的二氧化碳，减缓了温室效应。这就是通常所说的森林的碳汇作用。二氧化碳是林木生长的重要营养物质。它把吸收的二氧化碳在光能作用下转变为糖、氧气和有机物，为生物界提供枝叶、茎根、果实、种子，提供最基本的物质和能量来源。这一转化过程，就形成了森林的固碳效果。森林是二氧化碳的吸收器、储存库和缓冲器。反之，森林一旦遭到破坏，则变成了二氧化碳的排放源。

（3）碳减排交易　所谓碳减排，就是减少二氧化碳的排放量。随着全球气候变暖，必须减少二氧化碳的排放量，从而缓解人类的气候危机。为了应对气候变化，推动世界各国减少温室气体排放，有关国际组织倡导通过碳减排交易，发挥市场机制在温室气体减排方面的基础作用。碳交易是为促进全球温室气体减排，减少全球二氧化碳排放所采用的市场机制。

联合国政府间气候变化专门委员会通过艰难谈判，于1992年5月9日通过《联合国气候变化框架公约》。1997 年 12 月于日本京都通过了其第一个附加协议，即《京都议定书》，把市场机制作为解决二氧化碳为代表的温室气体减排问题的新路径，即把二氧化碳排放权作为一种商品，从而形成了二氧化碳排放权的交易，简称碳交易。因此，碳减排交易就是指二氧化碳等温室气体排放权的交易，是为促进全球温室气体减排，减少全球二氧化碳排放所采用的市场机制。

碳交易的基本原理是把二氧化碳排放权作为一种商品，合同的一方通过支付另一方以获得温室气体减排额，买方可以将购得的减排额用于减缓温室效应从而实现其减排的目标，从而形成了二氧化碳排放权的交易。目前，6 种规定减排的温室气体包括二氧化碳、甲烷、氧化亚氮、氢氟碳化物、全氟化碳和六氟化硫，其中二氧化碳为最大宗，所以这种交易以每吨二氧化碳当量为计算单位。

为达到《联合国气候变化框架公约》规定的全球温室气体减量的最终目标，《京都议定书》规定了三种碳减排交易机制，即清洁发展机制（CDM）、联合履行（JI）和排放交易（ET）。

① 清洁发展机制（CDM）。《京都议定书》第十二条规范的"清洁发展机制"针对附件一国家（发展中国家）与非附件一国家之间在清洁发展机制登记处的减排单位转让。旨在使非附件一国家在可持续发展的前提下进行减排，并从中获益；同时协助附件一国家通过清洁发展机制项目活动获得"排放减量权证"（CERS，专用于清洁发展机制），以降低履行联合国气候变化框架公约承诺的成本。清洁发展机制是执行《京都议定书》第十二条确定的清洁发展机制的方式和程序。

② 联合履行（JI）。《京都议定书》第六条规范的联合履行，是在附件一国家之间在监督委员会监督下，进行减排单位核证与转让或获得，所使用的减排单位为排放减量单位。联合履行详细规定见《京都议定书》第六条的指南。

③ 排放交易（ET）。《京都议定书》第十七条规范的排放交易，是在附件一国家的国家登记处之间，进行包括排放减量单位、排放减量权证、分配数量单位、清除单位等减排单位核证的转让或获得。排放交易详细规定见《京都议定书》第十七条的排放量贸易的方式、规则和指南。

这三种碳减排交易机制的主要区别见表 8-1，可以看出，这三种机制都允许联合国气候变化框架公约缔约方国与国之间，进行减排权的转让。在《京都议定书》的清洁发展机制框架下，世界各国，尤其是发达国家和发展中国家之间，应当紧密合作，积极推动碳交易的发展，共同努力增加固碳和减少碳排放。

表 8-1　《京都议定书》规定的三种碳减排交易机制

碳减排交易机制	主要区别
清洁发展机制	发达国家与发展中国家交易，因为发达国家成本高
联合履行	集团内部解决方式，如欧盟内部的许多国家可视为一个整体，采取有的国家削减、有的国家增加的方法，在总体上完成减排任务
排放交易	类似于清洁发展机制，区别是交易主体只能是发达国家

2005年《京都议定书》正式生效后，全球碳交易市场出现了爆炸式的增长。2007年碳交易量从2006年的16亿吨跃升到27亿吨，上升68.75%。成交额的增长更为迅速。2007年全球碳交易市场价值达400亿欧元，比2006年的220亿欧元上升了81.8%，2008年上半年全球碳交易市场总值甚至就与2007年全年持平。表8-2给出了从2006—2020年，全球碳交易市场的成交量和市场价值估算值。

表 8-2　2006—2020 年全球碳交易市场的成交量和市场价值估算值

年份	2006	2007	2008	2012	2020
碳交易量 / 亿吨	16	27	42	100	440
市场价值 / 亿欧元	220	400	630	1500	4440

8.5　低碳经济的相关概念

在低碳经济时代，人们必然面对新文化浸润，兴起新的时尚生活。在建立一个人与自然和谐的社会过程中，应当积极引导，大力推动低碳文化发展，促进观念变革，积极倡导与低碳经济相适应的生活方式，促进低碳经济与低碳社会的协调发展。

8.5.1　碳足迹

（1）**碳足迹的含义**　在促进地球变暖的各种温室气体中，二氧化碳占据了最重要位置，而二氧化碳又是与人们日常生活息息相关的一种气体。我们生活中的每一项活动，如人体呼吸活动、生火做饭、使用电器、乘车和飞机出行等，都是一个能量消耗的过程。这些能量来源于各种含碳矿物质（如煤炭和石油及其衍生燃料）的氧化过程，而这一过程中不可避免地产生二氧化碳副产物。在日常生活中，由于这些活动导致排放多少二氧化碳，这个问题的答案就是碳足迹。

碳足迹这个词最早流行于英国，源于英文 carbon footprint，也称碳指纹和碳排量，它形象而准确地衡量温室气体排放对气候及人类生活的影响。碳足迹是指个体、家庭、团体或产品在其整个生命周期中所排放的温室气体总量，即"碳耗用量"，常以产生的二氧化碳质量（t）为计算标准表示。简单来说，碳足迹表示了一个人或者团体的碳耗用量。碳就是石油、煤炭、木材等由碳元素构成的自然资源。碳耗用得多，导致地球暖化的元凶二氧化碳也制造得多，碳足迹就大，反之碳足迹就小。

以足迹为喻，形象生动地表明了每个人或团体生活过程的每一步均有自己的碳足迹，均会在大气环境不断增多的温室气体中留下自己或轻或重的痕迹。总的来说，碳足迹就是指一个人的能源意识和行为对自然界产生的影响。

碳足迹主要分为第一碳足迹和第二碳足迹两类。第一碳足迹是指生产生活中直接使用化石能源排放的二氧化碳量，需直接加以控制，也称主要碳足迹或直接碳足迹。飞机飞行时会消耗大量燃油，排出大量二氧化碳，因此坐飞机出行的人会产生第一碳足迹。第二碳足迹是指消费者使用各类商品或某项服务时在生产、制造、使用、运输、维修、回收与销毁等整个生命周期内，释放出的二氧化碳（等价物）总量，即间接排放二氧化碳，也称次要碳足迹或间接碳足迹。如消费一瓶普通瓶装水，会因其生产和运输过程中产生的二氧化碳排放而带来第二碳足迹。制造企业在其供应链包括采购、生产、仓储和运输中，尤其是仓储和运输中会产生大量二氧化碳。

图 8-1 为一个发达国家典型个人碳足迹的基本组成。可以看出，在现代生活中，每一个人都在这个世界上留下碳足迹。

（2）碳足迹的计算公式 随着人们环保意识的增强，人们开始关注自己的日常活动对环境的影响，尤其是使用化石燃料产生的温室气体对气候的影响。此时，世界各国的环保组织或个人为公众设计并提供了科学、直观的碳足迹计算公式，可计算碳足迹的大小，表 8-3 列出了常用个人碳足迹的基本计算方法。

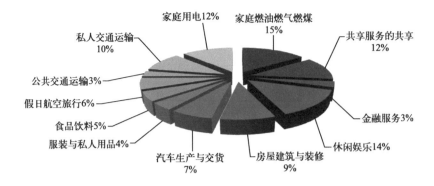

图 8-1　发达国家典型个人碳足迹构成图

表 8-3　日常生活中常用个人碳足迹评估计算基本公式

序号	日常生活行为	计算基本公式
I	家居用电	CO_2 排放量（kg）= 耗电度数 × 0.785 × 可再生能源电力修正系数
	开车	CO_2 排放量（kg）= 油耗（L）× 0.785
II 乘坐交通工具	乘飞机	短途旅行（200公里以内）：CO_2 排放量（kg）= 公里数 × 0.275
		中途旅行（200～1000公里）：CO_2 排放量（kg）=（公里数 − 200）× 0.105
		长途旅行（1000公里以上）：CO_2 排放量（kg）= 公里数 × 0.139
III 家用燃气	天然气	CO_2 排放量（kg）= 天然气使用数 × 0.19
	液化石油气	CO_2 排放量（kg）= 液化石油气使用数 × 0.21
IV	家用自来水	CO_2 排放量（kg）= 自来水使用度数 × 0.91
V	食肉	CO_2 排放量（kg）= 肉的公斤数 × 1.24

此外，美国时代杂志根据统计数据也给出了日常生活行为中碳足迹的参考数据，见表8-4。

表 8-4　日常生活行为中碳足迹参考数据

日常行为类型	参考数据 / $kgCO_2$	日常行为类型	参考数据 / $kgCO_2$	日常行为类型	参考数据 / $kgCO_2$
办公室冷气每人	8.000	用 1 kg 天然气	3.00	熨衣服	0.020

续表

日常行为类型	参考数据 / kgCO$_2$	日常行为类型	参考数据 / kgCO$_2$	日常行为类型	参考数据 / kgCO$_2$
家庭冰箱每人	0.650	乘高铁 1 km	0.05	洗热水澡	0.420
骑自行车 1 km	0.055	乘公交车 1 km	0.08	用 1 kW·h 电	0.625
乘电梯 1 层楼	0.218	燃 1 kg 纸钱	1.46	用 1 t 水	0.194
开冷气机 1 h	0.621	燃 1 kg 木炭	3.70	听收音机 1 h	0.006
开节能灯泡 1 h	0.011	外食 1 个便当	0.48	听音响 1 h	0.034
开钨丝灯泡 1 h	0.041	食 1 kg 牛肉	36.4	看电视 1 h	0.096
开电风扇 1 h	0.045	耗 1 L 汽油	2.24	丢弃 1 kg 垃圾	2.060
用笔记本电脑 1 h	0.013	耗 1 L 柴油	2.70	开小汽车 1 km	0.220

如今低碳生活方式已经悄然走进中国，不少低碳网站开始流行一种有趣的计算个人排碳量的特殊计算器，如中国城市低碳经济网的低碳计算器，以生动有趣的动画形式，不但可以计算出日常生活的碳排放量，还能显示出不同的生活方式、住房结构以及新型科技对碳排放量的影响。

近年来，二氧化碳的计算在国内也开始流行，国内环保网站"你好自然网"（www.hinature.cn），为公众提供了碳足迹计算器（如图8-2所示），其目的是提供给大家一个精确的二氧化碳排放量计算公式，倡导爱护环境的绿色行动理念。

图 8-2　碳足迹计算器

对于碳足迹的计算，首先需要采集相应数据，如飞机，输入飞行公里数；汽车，输入耗油升数；用电，输入用电度数，然后点击"回车"，在计算器的窗口会显示活动产生了多少千克二氧化碳，并且会给出需要种植多少棵树可补偿所排放的温室气体，依据30年冷杉吸收111 kg二氧化碳来计算需要种植几棵树来补偿。如果不以种树补偿，则可以根据国际一般碳汇价格水平，每排放1 t二氧化碳，补偿10美元，用这部分钱可以让别人去种树。如果乘飞机旅行2000公里，那么就排放了278 kg的二氧化碳，为此需要种植三棵树来抵消；如果用了100 kW·h电，那么就排放了78.5 kg二氧化碳，为此，需要种植一棵树；如果自驾车消耗100 L汽油，那么就排放了270 kg二氧化碳，为此，需要种植三棵树……

8.5.2　低碳社会

（1）低碳社会的含义　随着低碳经济在全球持续受到关注，一系列关于低碳的议题也得到了人们的重视，发展低碳经济、走向低碳社会已逐渐成为全球人类的共识。低碳社会这一最先由日本学者提出的概念逐步成为全球瞩目的焦点，根据英国和日本联合研究项目《通向2050年的低碳社会路线图》中对低碳社会的理解，应包含三方面含义：一是低碳社会应采取与可持续发展原则相容的行动，满足社会中所有团体的发展需要，通过削减全球大气里的二氧化碳和其他温室气体的排放，使其密度达到一个可以避免危险的气候变化的水平；二是低碳社会表现出高水平的能源效率，使用低碳能源和生产技术；三是低碳社会采取与低水平温室气体排放相一致的消费模式和行为。

尽管这个定义试图涵盖所有国家，但对不同发展阶段的国家来说含义也不完全相同。对发达国家来说，实现低碳社会包含了在21世纪中期之前使二氧化碳排放量大幅削减，也包含了低碳技术的发展、部署和生活方式的改变。对发展中国家来说，实现低碳社会必须和广泛的发展目标齐头并进。由此可以认为，低碳社会是指应对全球气候变化、能够有效降低碳排放的一种新的社会整体形态，它在全面反思传统工业社会之技术模式、组织制度、社会结构与文化价值的基础上，通过消费理念和生活方式的转变，在保证人民生活品质不断提高和社会发展不断完善的前提下，致力于在生产建设、社会发展和人民生活领域控制和减少碳排放。低碳社会强调正常生活和消费的低碳化，强调通过理念和行为方式的转变，实现人类社会与自然系统的和谐发展。

低碳社会具有技术性、系统性和现实性三个基本特征：

① 技术性。低碳社会是现代科技革命的产物，随着工业化的生产和科学技术的持续进步，人类创造了巨大的物质财富并积淀了丰厚的精神财富，极大地推进了人类文明进程。但是，经济的快速发展是建立在人类对自然资源的无限制索取和以牺牲环境为代价的基础之上的，由过度消耗化石能源所导致的全球气候变暖引起了世界的关注。人类困境的产生是碳的过度排放引起的，排放本身没有任何意义，只是排放过度会造成人类困境。从高碳向低碳的过渡，技术是关键，提高碳燃烧率，降低二氧化碳的排放，都离不开技术的改进和提高。技术是低碳社会建设的客观要求，加快技术创新在低碳社会建设中具有举足轻重的作用。

② 系统性。建设低碳社会，应该汲取以前社会建设的经验教训，着眼于整体性，把经济变革与整个社会变革联系起来，更与每个社会成员的切身利益相联系，低碳社会建设人人有责。它是包括了低碳经济、低碳政治、低碳文化、低碳生活等在内的系统性变革。

③ 现实性。低碳社会不同于马克思关于社会形态划分的封建社会、资本主义、社会主义社会等社会形态。它和网络社会、信息社会等有共同之处，强调社会发展某一阶段的特征，这个阶段性持续时间有长有短。不同之处在于，低碳社会强调的是在现代技术基础上的能源利用方式的转变，通过低碳技术的提高、公众观念的变革，可以达到一定的收效，所以它具有很强的实践可操作性。

（2）建设低碳社会的途径　低碳发展如同可持续发展一样是人类面临的共同任务，人的发展则是科学发展观的核心目标。两种发展在当代中国社会的交汇融合，既是现代化建设在一定阶段的要求，也是未来社会进步客观趋势的反映。以人的发展促进低碳社会建设，在建设低碳社会过程中推进人的发展，是现代化社会建设的必然选择。合理地确定并协调两种发展的关系，达到两种发展良性互动，是当代现代化建设应有的战略选择。建设低碳社会的途径主要包括：

① 政府积极倡导，鼓励各界踊跃参与低碳社会建设。首先是政府积极倡导，全社会踊跃参与。中央政府、地方政府、企业、国民都要积极参与创建低碳社会的全过程。从生产环节降低对碳能源的消耗，流通环节降低对碳资源的污染，消费环节降低对碳的依赖。对我国来说，创建低碳社会，同样需要各级政府的积极引导、

企业及公众的积极参与。在政府层面上，决策者要制定稳定有利的政策，确立能源中长期规划。对于企业来说，要善于把握经济增长点，实现企业利润与承担社会责任相统一，走出一条环境友好型发展之路。社会公众在低碳社会建设中要有社会责任意识，积极关注和广泛参与，并自觉行动。

② 大力研发节能减排新技术，加强能源结构调整。在低碳技术领域，发达国家的综合能效达45%，而我国仅35%。我国整体科技水平落后，低碳技术的开发与储备不足。目前，我国与发达国家在低碳技术方面还存在较大落差，这是我国由高碳经济向低碳经济转型的最大挑战。而日本作为世界上首先提出低碳社会的国家，其很多政策方法值得借鉴。如日本政府通过各项法规和激励措施，鼓励和推动节能降耗。除了注重产业结构的调整，停止或限制高能耗产业发展，鼓励高能耗产业向国外转移外，还提倡使用清洁能源和再生能源。同时，日本斥巨资开发利用太阳能、风能、光能、氢能、燃料电池等替代能源和可再生能源。相比之下，我国的能源消耗一直呈现高碳结构，化石能源占中国整体能源结构92.7%。由于正处于快速工业化和城市化的过程中，能源消耗大，应加快能源结构调整，推进能源发展方式转变。促进能源结构低碳化、清洁化，以核能、太阳能、风能、海洋能等清洁能源和可再生能源开发为重点，加速新能源和可再生能源技术和产业发展。在保持产业持续较快发展的同时，降低对化石能源消费的依赖。

③ 以城市为试点创建低碳社会，倡导低碳生活。城市是温室气体的主要排放源，近年来，我国各地竞相开展低碳城市建设活动，如上海、保定的低碳城市试点，武汉的"两型社会"建设试验区，广州、沈阳、杭州、厦门等城市的低碳城市建设。政府在政策方面给予支持，以点带面推动创建低碳社会。提倡低碳生活方式，从每个家庭、每个人做起，从衣食住行用做起。在饮食上，限制每天的肉食消费量，少吃肉，多吃素，减少牲畜饲养中的碳排放量。在交通上，提倡绿色出行。政府部门要减少公务用车数量，改大排量轿车为小排量轿车，少开车，多走路，尽量乘坐公共汽车、地铁等公共交通工具，限制汽车消费的过快增长。在住房上，建筑零碳屋和低碳屋的住房，充分利用太阳能，选用隔热保温的新型建筑材料，配备通风和采光系统、节能型取暖和制冷系统，倡导住房的低碳装修。推行紧凑的城区布局，让居民徒步或依靠自行车就能方便出行等，借此摆脱以往大量生产、大量消费又大量废弃的社会经济运行模式。大力提倡植树造林，加强城市绿化，增加碳

汇。倡导低碳消费，办公应使用节能减排的设备和办公用品，拒绝传统的抛弃式处理。

8.5.3　低碳生活

（1）低碳生活的含义　低碳生活反映了人类由于气候变化而对未来发展产生的忧虑，并由此认识到导致气候变化的过量碳排放是在人类生产和消费过程中出现的，要减少碳排放就要相应优化和约束某些消费、生产和生活行为。低碳生活代表着更健康、更自然、更安全的生活，同时低碳生活方式可以降低生活成本。因此，低碳生活是一种适合新时代人们生产、生活的新方式。

低碳生活是指人们生活中尽量采用低能耗、低排放的生活方式，降低二氧化碳的排放量，从而减少对大气的污染，减缓生态恶化。低碳生活作为一种简单、节约、环保的时尚生活方式，追求的是回归自然的生活。此外，低碳生活更是一种可持续发展的环保责任。它要求人们树立全新的生活观和消费观，减少碳排放，促进人与自然和谐发展。低碳生活将是协调经济社会发展和保护环境的重要途径。在低碳经济模式下，人们的生活可以逐渐远离因能源的不合理利用而带来的负面效应，享受以经济能源和绿色能源为主题的低碳生活，带给人们健康绿色的生活习惯、更加时尚的消费观和全新的生活质量观。

低碳生活作为一种生活方式，是我们现在急需建立的绿色健康生活方式，不仅仅是一种能力，更是一种生活态度，我们应从点滴做起，积极提倡并实践低碳生活。低碳生活的意义主要包括：

① 低碳生活着眼于人类未来。近几百年来，以大量矿石能源消耗和大量碳排放为标志的工业化过程让发达国家在碳排放上遥遥领先于发展中国家。当然也正是这一工业化过程使发达国家在科技上领先于其他国家，也令其生产与生活方式长期以来习惯于高碳模式，并形成了全球的样板，最终导致其自身和全世界被高碳绑架。在首次出现石油危机，继而在气候变化成为问题之后，发达国家对高耗能的生产消费模式和低碳生活理念才觉悟，有了新认识。由于低碳生活理念顺应了人类未来的可持续发展理念，渐渐被世界各国所接受，是着眼于未来的生活模式。

② 低碳生活是一种健康文明的生活方式。低碳生活是一种生活态度。在生活中，低碳可以理解为环保、绿色和原生态，而这些因素和人们的生活息息相关。环

保让人们能长久地享受美好生活，而绿色和原生态，则可以让人们享受高品质的生活。选择低碳生活方式，是一种健康文明的生活方式，它带来的好处也是实实在在的。因此，低碳生活体现人们的一种心境、一种价值和一种行为，代表着人与自然、社会经济、生态环境的和谐共生。

（2）实现低碳生活的途径　低碳本身就是一个具有广泛社会性的概念，也是一个复杂的概念，不仅仅是节能减排，其中包含新能源的开发和利用，也包含新的生产、生活模式。转向低碳生活方式的重要途径主要包括：

途径1：戒除以高耗能源为代价的"便利消费"嗜好。

便利是现代商业营销和消费生活中流行的价值观。不少便利消费方式在人们不经意中浪费着巨大的能源。比如，据制冷技术专家估算，顾客购物时及时关闭冰柜，一年可节电约4521万度，相当于节省约1.8万吨标煤，减排约4.5万吨二氧化碳。在中国，年人均CO_2排放量2.7 t，但一个城市白领即便只有40 m^2居住面积，开1.6 L排量车上下班，一年乘飞机12次，碳排放量也会在2611 kg。由此看来，剔除便利消费，实现节能减排，是转向低碳生活方式的重要途径之一。

途径2：以"关联型节能环保意识"戒除使用"一次性"用品的消费嗜好。

2009年6月全国开始实施"限塑令"。无节制地使用塑料袋，是多年来盛行的便利消费最典型的嗜好之一。要使戒除这一嗜好成为人们的自觉行为，让公众理解"限塑"意义在于遏制白色污染，这只是"单维型"环保科普意识。其实"限塑"的意义还在于节约塑料的来源——石油资源，减排二氧化碳。这是一种"关联型"节能环保意识。据中国科技部《全民节能减排手册》计算，全国减少10%的塑料袋，可节省生产塑料袋的能耗约1.2万吨标煤，减排31万吨二氧化碳。关联型环保意识不仅能引导公众明白"限塑就是节油节能"，也引导公众觉悟到"节水也是节能"（即节约城市制水、供水的电能耗），觉悟到改变使用"一次性"用品的消费嗜好与节能、减少碳排放、应对气候变化的关系。

途径3：戒除以大量消耗能源、大量排放温室气体为代价的"面子消费""奢侈消费"的嗜好。

2023年上半年，大排量的多功能运动车SUV销售量为565.4万辆，同比增长15.7%。与此相对照，不少发达国家都愿意使用小型汽车、小排量汽车。提倡低碳生活方式，并不一概反对小汽车进入家庭，而是提倡有节制地使用私家车。日本私家车普及率达80%，但出行并不完全依赖私家车。在东京地区私家车一般年行驶3000~5000公里，而上海私家车一般年行驶1.8万公里。人们无节制地使用私家车成了炫耀型消费生活的嗜好。有些城市的重点学校门口，接送孩子的一二百辆私家车将周围道路堵得水泄不通。由于人们将"现代化生活方式"含义片面理解为"更多地享受电气化、自动化提供的便利"，导致了日常生活越来越依赖于高能耗的动力技术系统，往往几百米的短程或几层楼的阶梯，都要靠机动车和电梯代步。另一方面，人们的膳食越来越多地消费以多耗能源、多排温室气体为代价生产的畜禽肉类、油脂等高热量食物，肥胖发病率也随之升高。而城市中一些减肥群体又将在耗费电力的人工环境中运动作为嗜好，如借助空调健身房、电动跑步机等进行瘦身消费，其环境代价是增排温室气体。

途径4：全面加强以低碳饮食为主导的科学膳食平衡。

低碳饮食，就是低碳水化合物，主要注重限制碳水化合物的消耗量，增加蛋白质和脂肪的摄入量。目前我国国民的日常饮食，是以大米、小麦等粮食作物为主的生产形式和"南米北面"的饮食结构。低碳饮食可以控制人体血糖的剧烈变化，从而提高人体的抗氧化能力，抑制自由基的产生，长期还会有保持体型、强健体魄、预防疾病、减缓衰老等益处。但由于目前国民的认识能力和接受程度有限，不能立即转变。因此，低碳饮食将会是一个长期的、艰巨的工作。不过相信随着人民大众认识水平的提高，低碳饮食将会改变中国人的饮食习惯和生活方式。

途径5：企业是低碳经济发展的市场主体，要有所担当。

面临着资源枯竭、环境污染、金融危机的挑战，企业应以长远眼光自觉跟进，促进低碳经济发展的集体和有效行动。促进广大民众的低碳生活，技术创新和制度创新是关键因素，企业应从自身做起，搞好内部环境管理，从产业链的各个环节上，寻求节能减排的新途径，大力开发可再生能源，大力发展低碳技术、低碳产业。同时企业要有长远投资眼光，在一些低碳技术、低碳产业上做战略投资。我们要从产业结构、能源结构调整入手，转变经济发展模式。

低碳发展的理念需要渗透到社会各个领域，形成良好的社会氛围和舆论环境。只有让"低碳"这一概念成为全社会的实际行动，大家都自觉跟进低碳经济的发展步伐，低碳发展才能有所突破和创新。总之，珍惜地球资源，转变发展方式，倡导低碳生活，政府部门义不容辞，同时需要全社会的积极参与。

8.5.4　低碳城市

城市是人们生活和生产的中心，在经济社会发展过程中起着非常重要的作用。虽然城市越来越受到气候变化和能源安全的威胁，但是低碳城市不仅能为城市发展的瓶颈提供解决方案，而且能为城市带来新的发展契机。发展低碳城市是科学发展观在城镇化战略上的具体表现，既与快速城镇化趋势要求相适应，又能最大限度地体现可持续发展要求。

（1）低碳城市的含义　所谓低碳城市，是指以低碳经济为发展方向、市民以低碳生活为理念和行为特征、政府公务管理层以低碳社会为建设标本和蓝图的城市模式，重视在经济发展过程中的代价最小化以及人与自然和谐发展。与传统"高排放、高能耗、高污染"的城市发展模式相比，低碳城市关注的是在城市可持续发展过程中，在经济发展模式、能源供应、生产和消费模式、技术发展、贸易活动、市民和公务管理层的理念和行为等方面是否表现出低碳化。低碳成为城市建设的一条基本标准，新标准的发展模式以实现高效利用、清洁发展、改变经济增长方式为目标，通过一系列环保低碳技术，推动低碳城市的全面发展。

低碳城市作为一种新的城市发展模式有其自身的不同之处，具体特征如下：

① 经济性。经济性是以最少的资源和能源投入换取最大的经济产出，也就是经济的高效化和集约化。低碳城市的发展过程中，要不断优化产业结构，改进生产工艺，促进技术创新，提高能源效率，因而经济性是低碳城市的最显著的特征。

② 系统性。系统性是指城市是由经济、社会、人口、科技、资源和环境等子系统组成的系统工程，更多地体现在低碳城市的规划和基础设施建设方面，尤其是城市内部各个系统在建设和改造过程中要综合协调，发挥系统效应。

③ 动态性。动态性主要是指低碳城市在建设的过程中，目标需要根据外界环境的变化不断地调控。低碳对城市来说是一个动态的目标，在不同时期其目标定位是不同的。目标的动态性使得经济的发展模式、人们的消费模式都处于动态变化中，以满足目标的需要。

④ 区域性。城市是一种城市化区域或城乡复合体，表现为一种城市与乡村融合发展的新的城乡关系格局，表现为大、中、小城镇之间的协调发展，以实现整个城市区域的低碳化。但是城市环境的改善仅仅依靠自身的努力是不够的，需要以城

乡统筹的方式，以区域协同的模式，共同实现经济、社会的低碳可持续发展。

（2）低碳城市的指标　总体来说，低碳城市是一种"低排放、低能耗、低污染"的城市发展模式，然而，如何具体理解"低碳"的含义，可从以下四方面来考虑。

① 生产低碳化。城市生产的低碳化就是在物质资料生产过程中，一方面降低传统化石能源的使用量，从源头解决二氧化碳等温室气体排放和环境污染问题；另一方面大力开发太阳能、风能和水能等新能源，提高新能源和可再生能源的使用比重，实现能源利用的清洁化。同时，提高能源使用效率是促进生产低碳化的一个有效途径，通过科学的统筹规划，避免能源与资源浪费，大力发展循环经济，实现资源的高效循环再利用。

② 流通低碳化。城市流通的低碳化就是在生产要素、产品流通和人员流动等过程中降低能源消耗，主要包括硬件设施和软件设施两个方面。一方面，实现硬件设施的低碳化，通过发展现代物流体系，利用节能、环保、高效的交通运输工具降低能源消耗；另一方面，要实现软件设施的低碳化，可以通过建立高效的管理系统，提高政府管理、社会服务和城市运行的智能化水平，为流通环节提供良好的软件环境，真正实现流通的低碳化。

③ 分配低碳化。城市分配低碳化是一次分配和二次分配中低碳的体现。一次分配指直接与生产要素相联系的分配，按照市场原则实行按劳分配。二次分配是指通过税收、政策、法律等措施，调节各收入主体之间现金或实物的分配过程，也是对收入再调整的过程。目前，分配的低碳化主要是指二次分配的低碳化，通过对资源节约型、环境友好型产业进行倾斜优惠，对传统的高污染和低附加值产业进行限制，从而促进低碳经济发展，降低单位GDP能源消耗，加快经济增长方式转变，实现产业的低碳化。

④ 消费低碳化。城市消费低碳化主要涉及人们日常消费中衣食住行各个方面。消费的低碳化就是要在消费过程中形成文明消费、适度消费、绿色消费，反对铺张浪费的消费观念。如购买天然材料衣服，既环保又美观，可以减少衣物加工过程中的能源消耗。养成良好的饮食习惯，减少铺张浪费现象，减少日常饮食过程中的能源消耗。还可以使用可降解包装，减少使用塑料袋和一次性用品，避免白色污染。在建筑领域，利用太阳能和地热等资源洗浴、照明、采暖，减少化石能源消耗；提

倡公共交通出行，减少私家车出行，降低能源消耗。大力发展混合动力、电动汽车，提高新能源在交通领域的比重。

参考文献

[1] 中国长期低碳发展战略与转型路径研究课题组，清华大学气候变化与可持续发展研究院 . 读懂碳中和中国 2020—2050 年低碳发展行动路线图 [M]. 北京：中信出版集团股份有限公司，2021.

[2] 维斗，李政，麻林巍 . 能源革命推动区域经济社会与生态环境协调发展 [M]. 北京：科学出版社，2021.

[3] 刘振剑 . 现代生态经济与可持续发展研究 [M]. 北京：中国原子能出版传媒有限公司，2022.

[4] 王飞 . 低碳经济模式下环境污染对生态经济的影响研究 [J]. 环境科学与管理，2022，47（8）：15-19.

[5] 孙洁，宋博 . 低碳经济发展模式下新兴产业的发展研究 [J]. 工业技术经济，2023，42（1）：104-110.

[6] 徐大丰 . 我国低碳经济的发展 [M]. 上海：复旦大学出版社，2019.

[7] 王君彩 . 中国低碳经济发展的体制机制研究 [M]. 北京：经济科学出版社，2019.

[8] 王明喜 . 中国低碳经济发展之路：理论与政策 [M]. 北京：科学出版社，2018.

[9] 马歆，郭福利，王文彬，等 . 循环经济理论与实践 [M]. 北京：中国经济出版社，2018.

[10] 邵婧，李良星 . 可持续消费促进机制及循环经济 [M]. 北京：机械工业出版社，2021.

[11] 蒋庆哲，王志刚，董秀成，等 . 中国低碳经济发展报告蓝皮书 2021—2022[M]. 北京：石油工业出版社，2022.

[12] 魏媛，吴长勇，李静静，等 . 喀斯特山区低碳经济发展理论与实践 [M]. 北京：科学出版社，2022.

[13] 付达院 . 低碳经济与生态文明建设发展研究 [M]. 北京：原子能出版社，2022.

[14] 窦祥胜 . 低碳经济发展论稿 [M]. 北京：人民出版社，2022.

[15] 张英，吴书光 . 双碳目标约束下区域低碳经济发展模式研究——以山东为例 [M]. 北京：经济科学出版社，2022.

[16] 韦振锋，黄群英，黄毅 . 产业集聚视角下碳减排与环境污染及其驱动影响研究 [M]. 成都：西南财经大学出版社，2022.

[17] （美）罗伯特·保罗·沃尔夫 . 绿色发展视角下低碳经济理论与测度研究 [M]. 北京: 中国经济出版社，2022.

[18] 张自然，张平，刘霞辉，等 . 宏观经济蓝皮书——中国经济增长报告 2021—2022 低碳转型与绿色可持续发展 [M]. 北京：社会科学文献出版社，2022.

第9章 碳达峰与碳中和"双碳"理论

由于全球气候变化对人类社会的重大威胁，全球越来越多的国家将碳达峰、碳中和上升为国家战略的核心，并且提出了无碳未来愿景。2020年，中国以推动可持续发展为内在要求，承担起构建人类命运共同体的责任，宣布碳达峰、碳中和的目标愿景。"双碳"战略目标的提出，必将对世界发展产生重要的影响，具有深远的时代意义。

9.1 "双碳"战略目标提出的背景

背景1：碳排放总量已成为人类文明进步的最重要约束变量。

在人类社会发展过程中，生产工具的变革起了重要的主导作用。第一次工业革命之后，生产效率极大提高，工业化进程显著加快。然而，随着化石能源消耗量迅速增加，导致碳排放量持续攀升，进而使得全球温室效应日益明显，极端天气事件显著增加。从此开始，人类社会进入发展速度快、碳排放多、温度升高快、灾害频发的恶性循环过程，也就是所谓的"效率悖论"。此外，由于再生产效率的大幅提升，严重破坏了地球上绿色植物光合作用，从而打破了绿色植物的固碳释氧与人类能量消耗排放CO_2之间的平衡关系。科学研究表明，人类工业化之前，大气中CO_2浓度约为280×10^{-6}（表示每百万个空气分子中二氧化碳分子的数量为280）。然而，基于世界气象组织监测数据，从1958年开始，大气中CO_2含量逐渐上升，目前已超过400×10^{-6}这一阈值。与1958年相比，地球表面的年平均气温已经提高了2~3℃，海平面升高了约1.0 m，海洋气旋现象越来越猛烈，恶劣天气越来越频繁。为了实现人类社会的可持续发展，减少大气中CO_2排放已经成为国际社会的普遍共识。因此，应尽早实现碳达峰和碳中和，控制地球升温成为全世界各国的当务之急。

许多国际公约（以《联合国气候变化框架公约》和《巴黎协定》为代表）均对

减少全球温室气体排放提出了约束性规定。然而，传统化石能源被清洁能源替代需要一个较长的过程，当前，全球碳排放量仍在持续增加，碳达峰拐点仍未出现。总的来说，碳排放总量已经成为人类文明进步的最重要约束因素。

背景2：减少碳排放以应对气候变化逐渐成为全人类共识。

过去200年内，人类向大气中排放的CO_2达数万亿吨，导致全球气候灾难频发，尤其工业化革命以来，以CO_2为代表的温室气体排放量迅猛增加，使得大气层阻挡气体热量散逸能力增强，导致显著的全球温室效应。目前，全球每年温室气体排放量约为510亿吨，为了避免未来气候灾难的发生，必须采取有效降低温室气体排放，甚至实现零排放的措施。

为了应对气候变化危机，全球通过历次气候大会形成了阶段性的减排原则和目标，碳中和已成为全球21世纪中叶的目标。需要指出的是，2015年第21届联合国气候大会在法国巴黎召开，会议通过了《巴黎协定》。《巴黎协定》要求《联合国气候变化框架公约》的缔约方要明确各自国家自主贡献，以减缓全球气候变暖，从而尽早达到碳排放峰值。尤其是到21世纪中叶之前，实现碳零排放，能够将温度增幅有效控制在2℃以内。截至2021年，该协定中已有192个缔约方共同努力控制碳排放，递交了自主碳减排贡献目标。此外，世界上众多发达国家也明确了碳达峰、碳中和的具体时间。例如，芬兰计划实现碳中和时间是2035年，瑞典、奥地利、冰岛等计划实现碳净零排放的时间在2045年，而欧盟部分国家、英国、挪威、加拿大、日本等将碳中和的时间定在2050年。中国作为世界上最大的发展中国家，同时也是世界上最大的煤炭消费国，应与其他国家共同努力，积极地应对全球气候变化的挑战，尽快实现二氧化碳净零排放，完成碳达峰、碳中和的可持续战略目标。

近年来，全球气候变化问题依然严峻，这主要是因为虽然二氧化碳排放量的增加速度逐渐降低，但全球二氧化碳排放量仍未达到峰值。众所周知，全球气候变暖会引起许多危害，例如极端天气变化、海平面上升、农作物生长受影响等，从而显著破坏了人类赖以生存的自然环境和社会环境。总体来说，减少二氧化碳排放，减缓全球气候变暖，促进人类社会的可持续发展，已经成为一个重要的全球共识。

背景3：中国需在应对全球气候变化行动中展现大国担当，推动实施"双碳"战略，实现可持续发展目标。

目前，中国已成为世界第二大经济体，其在全球的影响力逐渐增强。截至2024年，中国实现GDP 134.9万亿元，稳居世界第2位，约为全球经济总量的19%。然而，2023年，中国是全球年度二氧化碳排放最多的国家，其碳排放量为126亿吨，为全球碳排放总量的28.9%。因此，中国的碳排放行动始终受到国际社会的关注，为了积极应对此关切，中国政府在《巴黎协定》框架下，主动提出加强国家自主贡献以及实现"双碳"战略目标，这一碳减排承诺具有里程碑意义，充分表明中国政府积极融入推进全球气候治理体系的坚定决心，也充分展现了大国担当的伟大责任。

基于《2022年中国气候公报》，2022年中国气候具有以下三方面特征：

（1）全国平均气温为历史次高　2022年全国平均气温为10.51℃，较常年（1991—2020年）偏高0.62℃，仅比2021年低0.02℃，为1951年以来历史次高。除2月和12月气温较常年同期偏低外，其余各月气温均偏高或接近常年同期，其中3月、6月和8月气温均为历史同期最高，7月、9月和11月为历史同期次高。从空间分布情况看，全国大部地区气温接近常年偏高，其中，华东中部、华中中部及四川东部、重庆西南部、甘肃中部、宁夏中南部、新疆东部和西南部、西藏西北部等地偏高1~2℃。2022年，除吉林、广西和海南气温较常年偏低外，全国其他省（自治区、市）气温偏高，甘肃、湖北、四川和新疆气温为1961年以来历史最高，安徽、河南、湖南、江苏、江西、宁夏和青海气温为历史次高。全国六大区域气温均偏高，其中西北地区为1961年以来历史最高，长江中下游为历史次高，西南地区为历史第三高。

（2）春夏秋三季气温均为历史同期最高　冬季（2021年12月至2022年2月），全国平均气温为－3.2℃，较常年同期偏低0.2℃，但气温冷暖起伏较大，前冬暖、后冬冷。除新疆北部、内蒙古东部等地气温偏高1~4℃外，全国其余大部地区气温接近常年同期或偏低。春季（3~5月），全国平均气温12.1℃，较常年同期偏高1.2℃，为1961年以来历史同期最高。夏季（6~8月），全国平均气温22.3℃，较常年同期偏高1.1℃，为1961年以来历史同期最高。秋季（9~11月），全国平均气温11.2℃，较常同期偏高0.9℃，为1961年以来历史同期最高。

（3）全国平均高温日数为历史最多　2022年，全国平均高温（日最高气温 ≥ 35.0℃）日数16.4天，较常年多7.3天，为1961年以来最多。华北南部、华东中部和南部、华中、华南大部、西南地区东北部、内蒙古西北部、新疆大部等地高温日数超过20天。其中，华东中部、华中中部、华南中东部、四川东部、贵州东部和北部、新疆南部等地为30~50天；华东南部、华中南部、华南北部及湖北西部、重庆大部及新疆东南部等地超过50天。与常年相比，除东北地区及内蒙古东部、云南大部、海南等地偏少外，全国其余大部地区的高温日数偏多。其中，华东大部、华中、华南东部和北部、西南地区东部、西北地区东南部及内蒙古西北部、新疆中部等地高温日数偏多10~30天，长江中下游部分地区偏多30天以上。

2020年，中国郑重宣布碳达峰、碳中和的目标愿景。党的二十大报告明确提出，实现碳达峰碳中和是一场广泛而深刻的经济社会系统性变革。这一科学论断蕴含了中国式现代化的独特生态观，将我国的碳达峰、碳中和战略提升到了国家战略层面，成为习近平生态文明思想的重要组成部分。实现碳达峰、碳中和是以习近平同志为核心的党中央统筹国内国际两个大局作出的重大战略决策，是着力解决资源环境约束突出问题、实现中华民族永续发展的必然选择，同时也是构建人类命运共同体的庄严承诺。

习近平总书记强调，要将碳达峰、碳中和纳入生态文明建设整体布局，推动绿色低碳技术实现重大突破，抓紧低碳前沿新技术研究，加快推广减污降碳新技术应用。中国未来将着眼于建设更高质量、更开放、更包容、更有凝聚力的经济、政治和社会体系，形成以更绿色、更高效、更可持续的消费与生产力为主要特征的新时代发展模式，共同谱写人类生态文明新篇章。

9.2 碳达峰、碳中和战略

9.2.1 碳达峰、碳中和的含义

2020年9月22日，习近平总书记在第七十五届联合国大会一般性辩论上代表中国人民向国际社会郑重承诺："中国将提高国家自主贡献力度，采取更加有力的政策和措施，二氧化碳排放力争于2030年前达到峰值，努力争取2060年前实现碳中和。"碳达峰、碳中和是党中央经过深思熟虑作出的重大战略决策，事关中华民族的永续发展和构建人类命运共同体，引起了全社会的高度关注。这也是我国基于推动构建人类命运共同体的责任担当、实现可持续发展的内在要求作出的重大战略决策，将为维护全球生态安全作出重要贡献。

碳达峰是指二氧化碳排放总量在某一个时期达到历史最高值后逐步降低的过程，其目标是：在特定年份二氧化碳排放量达到峰值，而后出现由上升转向下降的拐点。碳达峰是实现碳中和的必要前提，其时间长短和峰值高低将直接影响碳中和目标是否能够实现。实现碳达峰的主要措施包括：控制化石能源消费总量，控制煤炭发电与终端能源消费，推动能源清洁化与高效化发展等。通过这些措施，能够有效减少碳排放，减缓全球气候变暖，从而实现可持续发展战略目标。

英国和美国分别于1991年和2007年实现了碳达峰，此后进入了达峰之后的降低阶段。在两个国家实现碳达峰后，其碳排放量并未立即出现下降的趋势，而是先经历一个平台期，即碳排放量在某一定范围内波动，随后开始稳步下降。然而，相对于2000—2010年，中国目前虽然碳排放量增速减缓，但仍呈增长态势，并未达到峰值。

碳中和是指二氧化碳排放量与其吸收量达到平衡的过程，即二氧化碳净零排放。人类活动排放的二氧化碳主要来自化石燃料燃烧、工业生产、农业及土地利用等过程。人类活动吸收二氧化碳主要包括植树造林增加碳吸收、应用碳汇技术进行碳捕集等。因此，碳中和目标是利用人为因素来减缓二氧化碳排放量，同时增加其吸收汇量，实现排放和吸收二者的平衡。碳中和目标可设在不同层面，如全球、国家、城市、企业活动等。基于温室气体范围大小，碳中和包括狭义和广义两层含义。狭义层面针对二氧化碳而言，是指二氧化碳的排放量与吸收量达到平衡状态。广义层面针对所有温室气体而言，是指所有温室气体的排放量与吸收量达到平衡状态。基于二氧化碳角度来说，碳中和与净零碳排放概念基本可通用。然而，对于其他温室气体来说，情况可能会变得更加复杂。例如，甲烷温室气体，由于其寿命极短，故在稳定排放的情况下，对气候变化产生的影响非常有限，通常不需实现零排放。

碳中和机制主要包括两个方面：一方面是通过能源结构调整、资源利用效率提高等方式，减少二氧化碳排放；另一方面是通过碳捕集、利用与封存（CCUS）技术、生物能源等技术以及植树造林等增加二氧化碳吸收。碳中和含义中的吸收汇仅仅涉及植树造林、森林管理等人为活动增加的碳汇，不包括自然碳汇和碳汇存量。

海洋和陆地生态系统的碳汇过程会对其产生不同的结果。海洋生态系统吸收二氧化碳会导致海洋不断酸化，产生显著的不利影响。陆地生态系统自然吸收二氧化碳是碳中性的，非永久碳汇。以陆地森林生态为例，生长期吸收碳，成熟期碳吸收能力降低，死亡腐烂后碳释放进入空气中。此外，森林火灾的发生，可将森林储存的二氧化碳迅速释放到大气中。因此，人为活动排放的碳须通过人为增加的碳汇，进行碳汇吸收清除，实现碳中和。目前，苏里南与不丹分别于2014年和2018年宣布已经实现碳中和目标。原因在于：两国的能源需求量相对较低，二氧化碳排放量较少；此外，两国的森林覆盖率分别在90%和60%以上，较高的森林覆盖率显著提升了其碳汇能力。

根据2018年联合国政府间气候变化专门委员会（IPCC）发布的《全球升温1.5℃特别报告》，要实现《巴黎协定》下的2℃目标，全球二氧化碳排放量需要在2030年比2010年减排25%，在2070年左右实现碳中和。而要实现1.5℃目标，则要求全球在2030年比2010年减排45%，并在2050年左右实现碳中和。无论如何，全球碳排放都应在2020—2030年尽早达峰。2015年巴黎会议前夕，中国承诺在2030年左右实现碳达峰，到2020年单位国内生产总值二氧化碳排放比2005年下降40%~45%，非化石能源占一次能源消费比例达到15%左右，森林面积比2005年增加4000万公顷，森林蓄积量比2005年增加13亿立方米。2020年12月12日，习近平主席在气候雄心峰会上进一步提出了中国国家自主贡献新举措，即到2030年单位国内生产总值二氧化碳排放将比2005年下降65%以上，非化石能源占一次能源消费比例将达到25%左右，森林蓄积量将比2005年增加60亿立方米，风电、太阳能发电总装机容量将达到12亿千瓦以上。

9.2.2 我国"双碳"战略的发展历程

2020年9月22日，国家主席习近平在第七十五届联合国大会上宣布，中国力争2030年前碳排放达到峰值，努力争取2060年前实现碳中和目标。

2021年5月26日，碳达峰、碳中和工作领导小组第一次全体会议在北京召开。

2021年10月24日，《关于完整准确全面贯彻新发展理念做好碳达峰碳中和工作的意见》以及《2030年前碳达峰行动方案》发布，这两个重要文件的相继出台，共同构建了中国碳达峰、碳中和"1+N"政策体系的顶层设计，而重点领域和行业的配套政策也将围绕以上意见及方案陆续出台。

2022年8月，科技部、国家发展改革委、工业和信息化部等9部门印发《科技支撑碳达峰碳中和实施方案（2022—2030年）》（简称《实施方案》）。

《实施方案》是为深入贯彻落实党中央、国务院关于碳达峰、碳中和的重大决策部署，按照碳达峰、碳中和"1+N"政策体系的总体安排而编制的。《实施方案》指出，碳达峰、碳中和是党中央经过深思熟虑作出的重大战略决策，对于中华民族永续发展和构建人类命运共同体具有重要意义。科技创新是实现经济社会发展和碳达峰、碳中和的关键。此外，《实施方案》统筹提出支撑2030年前实现碳达峰目标的科技创新行动和保障举措，并为2060年前实现碳中和目标做好技术研发储备，对全国科技界以及相关行业、领域、地方和企业开展碳达峰、碳中和科技创新工作起到指导作用。加强科技支撑碳达峰、碳中和涉及基础研究、技术研发、应用示范、成果推广、人才培养、国际合作等多个方面。

《实施方案》提出了10项具体行动：①能源绿色低碳转型科技支撑行动。重点是推动煤炭清洁高效利用，增加新能源消纳能力，推动煤炭和新能源优化组合，保障国家能源安全并降低碳排放。②低碳与零碳工业流程再造技术突破行动。以原料燃料替代、短流程制造和低碳技术集成耦合优化为核心，推动高碳工业流程的零碳和低碳再造。③建筑交通低碳零碳技术攻关行动。以交通和建筑行业绿色低碳转型目标为重点，推进低碳零碳技术研发与推广应用，实现脱碳减排和节能增效。④负碳及非二氧化碳温室气体减排技术能力提升行动。聚焦提升负碳技术能力，如CCUS、绿色碳汇、蓝色碳汇等，以及非二氧化碳温室气体监测和减量替代技术。⑤前沿颠覆性低碳技术创新行动。加快基础研究的最新突破，促进颠覆性技术创新路径的培育，引领实现产业和经济发展方式的升级。⑥低碳零碳技术示范行动。形成可复制可推广的先进技术引领的节能减碳技术综合解决方案，开展典型低碳技术应用示范，促进低碳技术成果的转化和推广。⑦碳达峰碳中和管理决策支撑行动。加强碳减排监测、核查、核算、评估技术体系研究建议，提出不同产业门类、区域的碳达峰碳中和发展路径和技术支撑体系。⑧碳达峰碳中和创新项目、基地、人才协同增效行动。加强国家科技计划对低碳科技创新的系统部署，推动国家绿色低碳创新基地建设和人才培养，提升创新驱动合力和国家创新体系整体效能。⑨绿色低碳科技企业培育与服务行动。完善绿色低碳科技企业孵化服务体系，培育低碳科技领军企业，优化绿色低碳领域创新创业生态。⑩碳达峰碳中和科技创新国际合作行动。持续深化低碳科技创新领域国际合作，构建国际绿色技术创新国际合作网络，支撑构建人类命运共同体。这些行动的目的是加强科技创新在实现碳达峰、碳中和过程中的支撑作用，推动我国实现碳达峰、碳中和目标。

9.3 我国实现"双碳"战略的机遇与挑战

我国作为发展中国家，目前仍处于多种进程的加快推进阶段，如新型工业化、信息化、城镇化和农业现代化。此外，我国生态环境保护压力尚未得到根本缓解，实现全面绿色转型的基础还非常薄弱。而且，距离实现碳达峰和碳中和目标已分别不足10年和40年时间，相对于发达国家而言，我国实现"双碳"目标所面临的时间更为紧迫。然而，从另外一个角度看，碳达峰、碳中和目标的实现过程，也是一个能够催生新行业、商业模式的全新过程，我国应紧紧把握绿色转型带来的新机遇，顺应科技产业革命的历史发展趋势，从绿色转型发展中努力寻找实现"双碳"战略的伟大机遇和全新动力。

9.3.1 "双碳"战略的机遇

实现"双碳"战略目标的机遇：未来产业低碳转型和新产业兴起。目前，我国多种主要行业处在深度转型阶段，如电力行业、交通行业、建筑行业和工业行业。电力行业的转型重点是解决分布式可再生能源，交通行业的转型重点是进行新的整体布局，建筑行业转型则着重推广绿色建筑，工业行业转型的重点是提高效率。虽然每种行业在转型方向上的侧重点有所不同，但转型内容与我国实施的"双碳"战略目标的方向十分吻合。总体来说，"双碳"战略目标的实施必将对我国新兴产业的兴起起到重要的推动促进作用。这些新兴产业的集群化发展能够创造全新的经济增长点。在不久的未来，会蓬勃涌现出一批又一批的新的碳中和企业、机构、城市或地区。实现"双碳"战略目标不仅仅需要关注碳排放，还需要拓展生态文明建设的内涵，如生态恢复、生态价值提升、环境质量改善。同时，对于实现"双碳"战略目标，还应该从能源结构深度调整等角度进行优化路径设计，为解决环境污染等问题提供根本性、系统性方案。

从战略层面考虑，我们应基于时间和空间两个维度层面，科学把握、布局"双碳"战略目标。"双碳"目标能够为实现绿色复苏发展短期与中长期目标提供动力。在短期内，需要系统地完成转型进程的谋划并快速开启相关工作，在新冠疫情结束之后的三年内尽快开展相关工作。而在中长期，尤其是"十四五"及"十五五"期间，经济发展模式亟须转型。在空间布局上，需要兼顾国内整体发展和全球合作，同时也要以国家战略作为统领，在区域及行业内对"双碳"目标进行科学分解。此外，我们还需要鼓励全社会积极行动，广泛参与，并将目标有效落实。

9.3.2 "双碳"战略的挑战

我国要实现碳达峰与碳中和这两个目标，由于时间非常紧迫，需要借鉴发达国家的经验。发达国家碳达峰经验是在基本没有降低碳排放量的要求下，依靠技术进步和产业结构升级两方面达到的。二十世纪七八十年代，英国、法国等国依据此经验实现了碳达峰，并度过了一段较长时间的平台期，而后逐渐降低碳排放量。此外，对于发达国家的产业转型，是在人均国内生产总值（GDP）达到 2 万美元之后开始的。碳达峰过渡到碳中和是从经济发展与碳排放脱钩后才开始，并且这个过渡期比预期过渡时间也要长 50~70 年。与发达国家相比，中国目前人均 GDP 仅为 1 万美元，故需要大力发展经济来提高人均 GDP。在当前条件下，中国的碳排放量远未达峰，且还将持续增加。此外，中国为碳达峰到碳中和过渡预留了 30 年时间，意味着中国将极力缩短这两个目标之间的过渡期，需要在 30 年内完成能源结构调整、产业结构升级以及生产生活方式的转变。中国作为全球最大的化石能源消耗国，在非常紧迫的时间内实现"双碳"战略目标任务，必须以前所未有的力度推动生产方式的绿色低碳转型。

① 中国降低碳排放量挑战大。我国目前正处于从工业化向后工业化转变的关键阶段，经济快速发展仍然主要依赖化石能源的大量消耗。从全球碳排放情况来看，中国碳排放的相关指标均位于较高的水平，如碳排放总量、人均碳排放量、碳强度。例如中国二氧化碳排放总量居世界第一，人均排放量超过欧盟，甚至高于世界平均水平的 65%。中国碳强度水平约是欧美国家的 2~3 倍，世界平均水平的 130%。此外，中国正在着力推进新型城镇化发展战略，并进行大规模基础设施建设，不可避免增加碳排放总量，一定程度上制约着"双碳"目标的实现。总而言

之，中国碳排放总量仍在继续增加，要实现"双碳"目标，需完成碳排放总量最大、强度最高的减排任务，面临着非常大的挑战和困难。

②　经济结构转型压力大。一般来说，经济结构主要包括产业结构、就业结构和区域结构。从产业结构来看，中国目前仍以第二产业为主，其中，以石油化工为资源的高耗能产业占比较大。同时，对于集中在传统服务领域中的服务业，难以自发地实现产业结构优化升级。另外，一些发达国家限制高新技术的出口，这又给中国碳减排带来更加严峻的挑战。从区域结构来看，"双碳"目标的实现也需要大量的财政支持，经济欠发达地区受到资本制约的可能性较大，经济较发达地区受到资本制约的可能性较小，因此，导致区域结构发展不协调。总体来说，从产业结构和区域结构两方面来看，实现"双碳"目标均面临较大的压力。因此，我们应积极推动经济结构转型，加强高新技术研发和应用，提升服务业创新能力，强化地区间的协调合作，以实现经济结构升级。同时，还应加大财政和金融支持力度，确保各地区都能够获得必要的资金支持，共同实现经济可持续发展和"双碳"目标战略。

③　能源结构转型难度大。能源结构转型主要指在能源消耗中减少化石能源的占比，增加清洁能源的比例。目前，中国仍然主要依赖煤炭等化石能源。根据其他国家的经验，能源结构转型通常是从逐渐减少对煤炭的依赖过渡到石油和天然气，再进一步过渡到其他非化石能源，即从高碳排放过渡到低碳排放，最终实现零碳排放。目前，中国的风能、光伏等可再生能源的发展迅速，这也意味着中国的能源结构转型将遵循从主要依靠煤炭转向主要依靠其他非化石能源的路径。然而，从实际情况来看，风能、光能等清洁能源发电具有不稳定性，增加了电网调峰的成本。此外，部分地区出现了"弃风弃光"现象，即出现了无法有效利用清洁能源的情况，同时一些地区仍然坚持使用煤电，这显示出新能源的发展与传统能源的维持使用之间存在严重冲突。中国的能源转型在短期难以实现，由化石能源向清洁能源的转变面临很大压力，任务艰巨。因此，我们需要积极推动技术创新，提高清洁能源的可靠性和可持续性，完善电网调峰机制，并加强政策引导，确保能源结构转型的顺利进行。

④　相关技术储备缺乏。目前，传统技术在中国各个行业发展过程中仍被广泛采用，然而，为了实现"双碳"目标，其中一些传统技术被淘汰之前将面临被新技术取代的境地，因此，可能会造成某种程度上的经济损失。然而，随着智能技术

的日新月异，中国在众多资源（煤炭、石油、天然气）开采方面取得了长足的发展，从而为实现"双碳"战略目标奠定了坚实的基础。这里需要强调的是，相比于发达国家，中国的低碳技术研究基础较薄弱，一些节能产品仍供不应求，这主要是由于低碳产品的核心零部件主要依赖进口，进而导致先进的低碳技术设备无法大规模生产。因此，在未来低碳关键核心技术方面，中国仍需进行独立自主创新和不断突破。总体而言，我国虽然在低碳技术方面取得了一定的进步，但相关技术储备不足，如果仅依靠现有技术水平，即使在2030年实现了碳达峰目标，到2060年也难以实现碳中和目标。

9.4 "双碳"目标的实现路径

中国作为世界上最大的发展中国家，正努力按计划实现"双碳"战略目标。在最短时间完成最高碳排放强度降幅，这是一项艰巨的历史重任。从辩证角度来看，这也是一次巨大的历史机遇。实现"双碳"战略目标的核心是绿色转型，根本手段是降低碳排放，补充措施是增加碳汇及负碳排放。也就是说，中国可通过全面实施绿色经济转型、降低碳排放和增加碳汇及负排放等路径，在实现"双碳"目标前提下，为减缓全球气候变暖作出巨大贡献。这也将使中国在未来的国际竞争中更具时代优势，有效推动可持续发展。我国实现"双碳"目标路径主要包括：

路径1：完善绿色低碳政策体系。

我国要在未来几十年内实现碳达峰、碳中和的战略目标，健全法律法规制度是首要保障。然而，相对于发达国家，我国绿色低碳政策体系的相关法律体系建设明显滞后，主要包括：法律体系不健全、立法与政策实施相脱节、下位法缺乏上位法依托等。为有效解决这些现存问题，我们应该抓住"双碳"战略契机，借鉴发达国家先进经验，积极推进体制机制改革和制度创新，构建绿色低碳政策治理新体系。此外，为推进应我国对气候变化的相关立法工作，需要建立一套完整的碳减排根本制度体系，涉及碳税、碳汇、碳交易等方面，也需要明确国家、地方政府、相关企业、全体公民的责任和义务，为碳减排投资提供长期稳定的友好法律环境。而且，应尽快建立国家统一管理，以及各级地方、部门分工负责两者相结合的减污降碳约束激励体制，同时采取修改完善已有法律法规，或制订新法律法规体系等方式，为实现"双碳"战略目标提供强有力支撑。此外，为了推动减污降碳协同效应的形成，在我国现行的资源、能源和环境等相关法律法规的体系中，应增加低碳减排等相关内容，将碳减排要求落实到具体的某一行业中。

路径2：发电端和消费端同步发力实现高效降碳。

目前，我国能源消费结构仍以传统化石能源为主。单位能源碳排放强度是世界平均水平的1.3倍，单位GDP能耗是世界平均水平的1.4倍，是发达国家的2.1倍，这充分说明我国实现"双碳"战略目标的任务极其艰巨。2020年，我国二氧化碳排放总量达到99亿吨，其中，发电端约占47%，消费端（如工业过程、居民生活）约占53%。

因此，要实现有效降碳，需要从发电和消费两端着手。发电端，大力推动能源结构多元化进程和新能源革命，同时鼓励利用非碳能源来发电，逐步建立基于光伏为核心的非化石能源主导的能源系统；消费端，以电、氢能等清洁能源替代传统化石能源，加强绿色低碳新技术研发，优化调整经济结构、能源结构和产业结构。此外，严控新增"双高"（高能耗、高排放）项目的立项和建设，扎实有效推进现存"双高"项目的调整，从而实现从高能耗向低能耗、高排放向低排放的产业转型升级。

路径3：健全碳市场交易体系。

2014年12月10日，中国《碳排放权交易管理暂行条例》正式实施，碳交易的相关法律法规、技术标准、管理体系进一步完善，碳交易品种和碳交易方式逐渐丰富，并且碳金融衍生产品交易机制也大大促进了全国碳市场的平稳、健康和良好发展。此外，根据生态环境部公布的数据，中国在2021年7月16日正式启动碳市场线上交易，截至2021年12月31日，碳排放累计成交量达到1.79亿吨，总成交额为76.61亿元，均价为42.85元/t，履约完成率99.5%。碳市场整体运行平稳，市场活跃度逐渐稳步提升。碳交易的有序开展需要政府推动和市场导向双重发力，充分发挥政府和金融机构的引导作用，提升金融化水平。合理设计碳交易市场管理模式，积极拓展碳交易主体、品种和规模，从而增加碳交易市场活跃度。同时，积极开展碳交易引入配额有偿发放机制，鼓励新建企业提前储备碳排放量额度。

路径4：适度超前谋划碳税制度。

为了进一步加强对碳排放的有效调控，可以采取征收碳税政策。从短期来看，采取征收碳税政策可能对经济增长产生一定的负面影响，但基于长远来说，征收碳税有助于降低碳排放总量、改进效率低和技术落后问题、调整产业结构，还能大大促进公众的低碳意识和行为。此外，基于新发展阶段的国家利益，应制定适宜的碳税相关实施策略，协调碳排放权交易与碳税两者之间的关系，建立以碳排放交易和碳税为重要手段的减排机制。这种做法，不但有助于国家碳基金制度设立，改善环境气候变化的投资，而且有利于制定相关的奖励政策，鼓励企业研发减污降碳新技术，更新陈旧设备，从而大大提高能源利用效率。

需要指出的是，在不合理和非公平背景下，开展碳税和碳关税行动可能对我国经济发展造成不利影响。为了避免这一情况发生，在征收碳关税之前，应针对碳关税对一些重要发达经济体的可能影响开展前期研究，如中国宏观经济、全体居民福利以及具有国际竞争力的跨国企业。我国通过主动征收碳税，能够有效应对发达经济体碳关税的严重威胁，努力建立低碳零碳供应链体系等，对我国"双碳"战略的实现具有重要的理论和现实意义。

路径5：全方位提升碳汇能力。

陆地碳汇和海洋碳汇是自然生态系统增强碳汇的两种重要路径。在陆地碳汇方面，通过增加森林生态系统、草原生态系统和湿地生态系统的碳汇，有助于减缓气候变暖，保障国家生态安全，保护生物多样性，减缓社会贫困等可持续发展目标的实现。森林固碳作用的实现，可通过以下两方面实现。其一是积极开展保护森林，植树造林，减少毁林，恢复森林植被，改善森林管理等林业活动，有效增强森林碳汇能力。其二是利用碳交易机制，将森林碳汇的生态价值转化为经济价值，从而提升森林生态系统在应对全球气候变暖中的重要地位。在海洋碳汇方面，海洋生态系统吸收二氧化碳的能力极强，约占碳排放总量的1/3。因此，需要强化海洋碳汇等相关内容的研究，如基础理论、方法、技术和交易制度等，以争取在国际海洋碳汇研究、标准制定、项目推广和碳交易等领域占据主导地位。总的来说，实现"双碳"战略目标，是中国推进现代化进程的新领域和新任务。在此过程中，应坚持国家统筹、节约优先、双轮驱动、内外通畅和防范风险等原则，处理好发展与减排、整体与局部、长期与短期、政府与市场的关系，完善生态环境治理体系。

9.5 碳捕集利用与封存技术

面对全球气候变暖问题，国际能源机构（International Energy Agency，IEA）在《世界能源展望报告》中提出了三点建议：一是发展清洁能源；二是提高能源效率；三是碳捕集与封存。其中，碳捕集、利用与封存（Carbon Capture，Utilization and Storage，CCUS）被联合国政府间气候变化专门委员会（Intergovernmental Panel on Climate Change，IPCC）视为应对气候变暖的"终极武器"。IPCC指出，如果不通过碳捕集与封存技术，仅依靠发展清洁能源和提高能源效率，人类社会很难实现碳中和的目标。CCUS是指将二氧化碳从能源利用、工业生产等排放源或空气中捕集分离，并输送到适宜场地，加以利用或封存，最终实现碳减排的先进技术。CCUS是一套技术组合，涵盖了从利用化石能源的工业设备（发电厂、化工企业等）中捕获含二氧化碳废气，对废气进行循环利用，或采用更安全方法对捕获的二氧化碳进行永久封存的全过程。下面详细介绍CCUS技术的碳捕集、碳利用与碳封存等相关内容。

碳捕集是指将众多行业（电力、化工、水泥、钢铁等）利用化石能源过程产生的二氧化碳进行分离、富集的技术过程。根据采用措施不同，碳捕集划分为三种类型：燃烧前捕集、燃烧后捕集及富氧燃烧捕集。燃烧前捕集是指在燃烧过程之前对燃料进行处理，以减少或消除二氧化碳排放；燃烧后捕集是指在燃烧过程之后对废气中的二氧化碳进行分离和捕集；富氧燃烧捕集是指在燃烧过程中，使用富氧气体代替空气作为氧化剂进行燃烧，从而产生高浓度含二氧化碳废气。

碳运输是指将捕集的二氧化碳从捕集场所运输到利用或封存地的全过程，常用的运输方式主要包括：陆地管道、海底管道、船舶、铁路和公路等。

碳利用是将捕集的二氧化碳重新转化为资源或产品的过程。应用方向主要包括地质利用、化工利用和生物利用三种。地质利用是指将二氧化碳注入地下，以提高能源、资源开采过程中产出效率，或增强地下储层的稳定性，主要用于石油、地热、铀矿等资源开采过程。化工利用是指将二氧化碳与其他物质，通过化学反应转化为目标物的过程。通过合理设计反应路径和选择合适催化剂，能够实现二氧化碳资源化利用，从而降低对化石能源的依赖。生物利用是指利用微生物将二氧化碳转化为可利用生物质，用于制备食品、饲料、生物肥料、化学品和生物燃料等产品。

这种方法实际上是利用植物的光合作用，将二氧化碳转化为有机物质，实现了对二氧化碳的生物循环利用。

碳封存也称地质封存，是通过工程技术手段将捕集的二氧化碳储存到地质构造中，实现与大气长期隔绝。目前，碳封存主要包括海洋碳封存和地下碳封存两种类型。海洋碳封存是指通过对二氧化碳进行高压液化处理，然后封存到海底。据研究表明，在海平面以下2.5 km及以下处，由于二氧化碳密度比海水密度大，二氧化碳将以液态形式存在，因而这个海洋区域被视为海洋封存碳的安全区。地下碳封存是将二氧化碳封存到地下的过程。在地表以下0.8~1.0 km的区域，处于超临界状态的二氧化碳以流体形式存在，可永久地封存于这片区域。地下碳封存这种方法关键是选择合适的地质构造和封存层，以确保二氧化碳封存的稳定性、安全性。

中国长期以来，一贯重视CCUS技术的研发，制定了一系列相关政策来逐步推进CCUS技术的快速发展，并在众多方面取得了显著成效，如完善政策法规、突破关键技术、基础能力建设。在2011年和2019年，中国科学技术部分别发布两版《中国碳捕集、利用与封存技术发展路线图研究》。该路线图基于我国能源消费结构以化石能源为主的出发点，将CCUS技术定位为"可实现化石能源大规模低碳利用的战略储备技术"。通过不断的努力，中国在CCUS技术研究领域取得了长足的进步和发展，为实现传统化石能源的低碳利用和低碳排放提供战略支持。

CCUS技术是我国实现"双碳"战略目标的重要选择，其必要性在于以下几点。首先，实现碳中和目标意味着能源结构的重大变革。截至2020年，我国一次能源消费总量高达49.8亿吨，其中，化石能源约占84.3%。二氧化碳排放总量达到99亿吨，其中，电力部门二氧化碳排放量约为41亿吨，占比约41.4%。因此，为了实现我国碳中和的战略目标，应尽快调整我国的能源结构，由传统化石能源为主逐步转向以可再生能源为主，形成核能、可再生能源和化石能源等多元能源互补形式，从而建立有效实现净零碳排放和保障能源安全的复合能源体系。其次，实现碳中和战略目标也需要能源消费部门的积极响应。2020年，我国的工业过程、交通部门和建筑部门的碳排放量分别为13亿吨CO_2、10亿吨CO_2和9.9亿吨 CO_2。这些部门减少碳排放的常规技术方案包括：节能降耗，减少产品需求量，资源循环利用，工业原料替代等。然而，对于难以减排的钢铁行业和水泥行业，应该重塑核心工艺流程，优先利用先进的低碳、零碳和负碳技术，实现深度减污降碳。最后，实现碳中和战略目标需强有力负碳技术的支撑。目前，我国非二氧化碳温室气体排放量约为24亿吨/年，有效降低这类温室气体的排放，不仅是履行《〈蒙特利尔议定书〉基加利修正案》所规定的减排义务，也关系到我国碳中和目标的实现。尽管非二氧化碳温室气体初期减排成本较低，但由于其深度减排技术缺乏，后期减排边际成本显著增加，实现深度碳减排的成本非常高。因此，负碳排放技术引起人们的广泛关注，如生物质能碳捕集与封存（Biomass Energy Carbon Capture and Storage，BECCS）和直接空气碳捕集与封存（Direct Air Carbon Capture and Storage，DACCS）。BECCS技术通过从生物质中提取生物能，用来捕集、运输和封存二氧化碳。DACCS技术能够直接对大气中的二氧化碳进行捕集、运输和封存，削减温室气体。

综上所述，实现“双碳”战略目标，应重构零碳能源系统，重塑零碳工艺流程和重建负碳技术体系。在此背景下，传统化石能源的低碳利用战略技术选择，已难以适应未来碳中和战略的新挑战。此外，未来人类社会持续深度碳减排需求显著增强，导致CCUS等相关碳排放技术（低碳技术、零碳技术、负碳技术）应用前景越来越广泛，也逐渐成为未来碳中和技术体系中必不可少的组成部分。

参考文献

[1] 杨凯 . 碳达峰碳中和目标下新能源应用技术 [M]. 武汉：华中科技大学出版社，2022.

[2] 朱隽作 . 金融支持碳达峰碳中和：国际经验与中国实践 [M]. 北京：中信出版集团股份有限公司，2022.

[3] 吴冰，李萍，孔建广，等 . 碳达峰碳中和：目标挑战与实现路径 [M]. 北京：东方出版社，2022.

[4] 徐锭明，李金良，盛春光 . 碳达峰碳中和理论与实践 [M]. 北京：中国环境出版集团，2022.

[5] 曹立 . 数字时代的碳达峰与碳中和 [M]. 北京：新华出版社，2022.

[6] 李晓星，傅尧，卢鑫 . 碳达峰碳中和目标下绿色钣喷中心的建设模式与发展路径 [M]. 北京：中国环境出版集团，2022.

[7] 吴伟光 . 浙江省率先实现碳达峰、碳中和路径对策研究 [M]. 北京：中国环境出版集团有限公司，2022.

[8] 向俊杰，鲁群 . 碳达峰理论研究 [J]. 上海节能，2022（4）：370–374.

[9] 张友国 . 实现碳达峰的需求结构效应 [J]. 中国工业经济，2023（3）：20–38.

[10] 王侃宏，何好 . 中国碳达峰模型研究综述 [J]. 河北省科学院学报，2022（4）：57–64.

[11] 毛胜耀 . 试论碳达峰、碳中和目标的实现路径 [J]. 皮革制作与环保科技，2023（7）：192–194.

[12] 刘衍峰，赵麑 . 推进实现碳达峰碳中和的实践路径探析 [J]. 再生资源与循环经济，2023（6）：5–9.

[13] 胡前亮，陈庶豪.建筑业 "碳达峰、碳中和" 的有效路径探究 [J].智能建筑与智慧城市，2023（6）：94–96.

[14] 李香菊， 谢瑾惠.推进我国碳达峰碳中和的税收政策研究 [J].西南民族大学学报（人文社会科学版），2023（6）：133–140.

[15] 付加锋，刘倩，马占云，等.我国 30 省份碳达峰能力综合评价研究 [J].生态经济，2023（6）：18–24.

[16] 陈迎，巢清尘.碳达峰、碳中和 100 问 [M].北京：人民日报出版社，2021.

[17] 联合国全球契约组织.企业碳中和路径图——落实巴黎协定和联合国可持续发展之路.2021.

[18] Lacis A A， Schmidt G A， Rind D， et al. Atmospheric CO_2： Principal control knob governing Earth's temperature. Science， 2010， 330（6002）： 356–359.